갯벌,
인공지능과
드론으로
연구하다

갯벌, 인공지능과 드론으로 연구하다

초판 1쇄 발행일 2022년 10월 31일

지은이 구본주 · 유주형
펴낸이 이원중

펴낸곳 지성사 **출판등록일** 1993년 12월 9일 **등록번호** 제10−916호
주소 (03458) 서울시 은평구 진흥로 68, 2층
전화 (02) 335−5494 **팩스** (02) 335−5496
홈페이지 www.jisungsa.co.kr **이메일** jisungsa@hanmail.net

ISBN 978−89−7889−507−1 (04400)
ISBN 978−89−7889−168−4 (세트)

잘못된 책은 바꾸어드립니다. 책값은 뒤표지에 있습니다.

갯벌,
인공지능과
드론으로
연구하다

구본주
유주형
지음

지성사

차례

생물이나 물질의 공간적인 분포를 현실과 가깝게 표현하는 기술은 자연계를 이해하고 이로부터 자연을 효율적으로 관리하기 위해서라도 과학자들이 풀어야 할 숙제 중 하나이다. 균일하게 분포하지 않는 것이 공간에 얼마나 어떻게 분포되어 있는지를 알아내려면 복잡한 모델식이 필요하다. 그러나 모델은 단지 추정 기술일 뿐, 태풍 진로 예측에서도 알 수 있듯이 실제와는 다를 수 있다.

최근 들어 컴퓨터 비전 기술이 발달하면서 갯벌의 환경과 생물 정보를 예측이나 추정이 아니라 시각 데이터의 기계학습을 통해 눈에 보이는 실제 그대로 시·공간적으로 표현하려는 기술 개발이 시도되고 있다.

갯벌은 전체 지구 생태계 면적의 0.3퍼센트에 지나지 않는다. 그럼에도 경제적 가치는 지구 생태계 총가치의 5퍼센트에 이르는 것으로 알려졌다. 이는 농경지의 100배, 숲의 10배에 해당하는 가치이다. 세계 5대 갯벌로 알려진 우리나라 갯벌도 그 가치를 인정받아 2021년 유네스코 세계자연유산으로 등재되었다. 국가에서도 '갯벌 세계유산 통합관리 기본계획'을 수립하기로 하고 갯벌을 체계적으로 관리하기 위한 준비를 하고 있다.

갯벌을 체계적으로 관리하기 위해선 무엇보다 그곳의 생물과 환경정보를 정확하게 파악하고 있어야 한다. 그러나 현재까지도 이러한 정보는 몇몇 대표 정점의 정보일 뿐이며, 이를 전체 갯벌에 확장하여 대입한 자료가 정부의 관리 정책에 반영되고 있다. 이러한 문제를 해결하기 위해선 정점 정보가 아닌 전체 갯벌의 빈틈없는 공간정보가 반드시 필요하다.

한국해양과학기술원 연구자들이 중심이 된 연구그룹은 4차산업 혁명기술의 기반이 되는 인공지능 기술과 드론 기술을 이용하여 지금까지 한계로 인식되었던 갯벌의 생물과 환경정보를 공간적으로 표현하기 위한 연구에 착수했다. 세계 최초로 우리나라에서 최신 기술을 이용하여 갯벌을 연구하기 시작한 것이다. 이 책은 이와 관련한 기술을 소개한다.

어린 시절 누구나 한 번쯤은 광활한 갯벌에 발을 디뎌 보앗을 것이다. 소중한 사람들과 함께 조개를 캐고 게도 잡아 본 추억이 떠오르는가? 철없던 시절에 마냥 즐기기 위해 방문했던 갯벌. 같은 사물을 볼 때 그에 대해 알 때와 모를 때 우리의 대하는 자세가 달라진다.

이 책을 읽고 난 뒤에 갯벌을 꼭 다시 방문해 보기를 권한다. 무엇이 달라 보일까? 모쪼록 이 책을 읽은 학생들이 자연 보전과 이의 효율적인 이용을 위해 앞으로 무엇을 해야 하는지를 느꼈으면 한다.

이 책을 집필하면서 자연현상을 이해하기 위해 노력하는 과학자들의 눈과 꿈을 키우며 배움을 갈망하는 학생들의 시각을 한곳으로 모아 독자가 쉽게 이해할 수 있도록 노력했다.

이 책의 집필에 도움을 주신 한국해양과학기술원의 갯벌 연구팀원들과, 특히 갯벌 현장에서 어려운 일을 마다하지 않고 헌신해 주신 서재환 박사, 장민성 연구원, 서동건 연구원, 김근용 박사, 김계림 연구원, 이진교 연구원, 장영재 연구원, 김의현 연구원에게 깊은 감사를 표한다. 그리고 원고를 마지막까지 꼼꼼히 검토해 주신 우한준 박사님과 조정현 작가님, 출판에 도움을 주신 도서출판 지성사 식구들께 감사의 마음을 전한다.

01

우리나라
갯벌의 특성

지구상에 5대 갯벌은 아메리카의 캐나다 동부, 미국 동부, 아마존강 유역과 유럽 북해 연안, 그리고 우리나라 서해안 갯벌이다. 우리는 갯벌에 놀러 갈 때 조개나 게 잡을 준비를 하기도 한다. 그렇다면 5대 갯벌이 있는 다른 나라들도 그럴까? 네덜란드에서 독일을 거쳐 덴마크에 이르기까지 북해 연안의 대표적 갯벌인 바덴해(Wadden Sea)에 간다면 아무 준비도 필요하지 않다. 그곳에서는 아무것도 갖고 나올 수 없고 사진과 추억만 갖고 나올 수 있다고 한다. 갯벌에 사는 생물을 보호하기 위해 엄격하게 관리되고 있다는 뜻이다.

이와는 대조적으로 우리나라에서는 갯벌에서 마을 단위의 수산양식을 하고 있으며, 갯벌 체험을 하는 많은 이들이 물때가 되어 밖으로 나올 때면 각자 손에 갯벌 생물이 담긴 바구니를 들고 나오곤 한다. 같은 갯벌이지만 갯벌에 대한 인식이 다른 것이다.

갯벌이 왜 중요한가?

우리나라에서는 갯벌을 어떻게 관리할까? 그에 앞서 어디가 갯벌인지 명확하게 알아야 한다. 우리나라 「습지보전법」 제2조에 따르면, 갯벌의 경계는 바닷물이 가장 높아졌을 때와 가장 낮아졌을 때의 수륙 경계선 사이 구역이다. 이 정의에 따르면, 우리나라 갯벌의 전체 면적은 약 2,482제곱킬로미터로 보고되었으며(해양수산부. 2019년), 인천, 경기, 충남, 전남에 주로 걸쳐 있다.

갯벌에 쌓이는 퇴적물은 위치에 따라 암반, 자갈, 모래, 펄 등 다양한 종류로 이루어져 있다. 갯벌의 경사도는 전체

그림 1-1 보성 갯벌(왼쪽)과 신안 갯벌(오른쪽)(출처: 문화재청)

적으로 1도 미만으로 대부분 평탄한 지형이다. 멀리서 보면 갯벌은 모두 평평해 보이지만, 뻘이 많은 갯벌에서는 깊은 갯골이 분포하기도 하고, 모래가 많은 갯벌에서는 하천과 같은 갯골이 분포하기도 한다. 인근의 하천 유입 정도에 따라 다양한 규모의 갯골이 발달하며, 상대적으로 큰 갯골은 작은 배가 움직이는 물길로 사용되기도 한다. 특히 육지의 하천과 연결된 하구 갯벌은 복잡한 형태를 띤다.

갯벌의 주요 기능을 살펴보면, 육지에서 흘러드는 유기물을 정화하고, 생물이 산란할 수 있는 곳을 제공하며, 게나 조개 등 우리에게 익숙한 수산물을 생산한다. 또 홍수 피해를 예방하고, 태풍으로부터 연안을 보호하는 등 그 기능이 다양하다. 이렇듯 기능이 다양한 갯벌의 경제적 가치를 제곱킬로미터당으로 환산한 사례에 따르면, 매년 수산물 생산 17.5억, 수질 정화 6.6억, 여가 제공 2.5억, 서식지 제공 13.6억, 재해방지 2.6억, 보존 가치 20.3억으로 총 63억의 가치가 있는 것으로 분석되고 있다.

마지막으로 갯벌은 기후변화의 주범인 탄소를 보관하기도 하는데, 이를 블루카본(Blue Carbon)이라고 한다. 갯벌에서 탄소를 잡아 저장하는 포집 현상이 일어나는 이유는 연안에 서식하는 염생식물이 광합성을 통해 탄소를 흡수하고,

또 조석·파도 등 물리적 작용에 따라 갯벌(진흙) 사이사이 공간에 탄소를 포집할 수 있기 때문이다. 블루카본은 아직 IPCC(Intergovernmental Panel on Climate Change, 기후변화에 관한 정부 간 협의체 온실가스 감축) 목록(inventory)에서 정식 탄소흡수원으로 인정받지는 못했으나, 해양생태계가 육상생태계보다 온실가스 흡수 속도가 최대 50배 빠른 것으로 알려져 새로운 온실가스 흡수원으로 주목받고 있다. 실제로 제16차 유엔 기후변화협약 당사국회의에서 국제 연구기관과 단체가 블루카본 사업화 방안을 제시하는 등 머지 않아 국제사회에서 인정받을 것으로 보인다.

이 가운데 일반인들에게 가장 익숙한 갯벌의 가치는 여

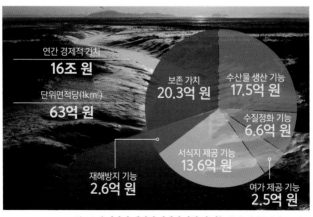

그림 1-2 우리나라 갯벌의 경제적 가치 및 기능(출처: 해양수산부, 2018)

그림 1-3 갯벌에서 펼치는 여가 활동(출처: shutterstock.com)

가 제공일 것이다. 갯벌에서 무엇을 하며 놀까? 가장 먼저 생각나는 것은 갯벌 생물을 잡는 일일 것이다. 하지만 그 외에도 갯벌을 이용하여 즐길 거리가 많다. 짱뚱어, 낙지 등을 잡는 갯벌 낚시, 주로 꼬막을 캘 때 갯벌에서 사용하는 뻘배로 경주를 벌이거나 갯벌 스포츠(마라톤, 줄다리기) 등을 할 수 있다. 갯벌을 보유하고 있는 지자체에서는 지역 축제를 벌이기도 한다. 인기가 많은 보령의 머드축제나 벌교의 꼬막축제 등이 갯벌을 활용한 대표적인 프로그램이다.

　최근에는 해송림, 천일염, 해풍과 더불어 갯벌도 인간의 심미적 치유에 활용할 수 있는 것으로 분석하고 있다. 갯벌을 바라보며 멍때리기, 소금 체험방, 캠핑 등 갯벌 자원을 이용한 해양 치유산업을 활성화하고 있다.

갯벌은 우리나라 서해안에서 자주 볼 수 있어 흔하다고 생각하지만, 전 세계적으로 보면 매우 한정된 지역에만 있는 지형으로 소중한 국가자원이라 할 수 있다. 특히 생물 수를 조사한 결과 한국 갯벌에 서식하는 약 1,000여 종의 '대형 저서무척추동물'은 바덴해 400여 종, 영국 연안 530종, 터키 서부 연안 685종, 북태평양 576종과 비교하여 더 많은 것으로 조사되어 갯벌 생물다양성이 세계 최고 수준임이 입증되었다.

우리나라 갯벌에서 생산되는 수산물의 종류는 바지락, 굴, 백합 등 패류와 낙지, 감태 등 다양한데, 이 수산물들은 어업인의 주요 소득원이다. 통계청 자료에 따르면, 연간 4천억 원 이상의 갯벌 수산물이 생산되는 것으로 알려졌지만, 그보다 더 많을 것이라 예상하고 있다.

갯벌에서 다양한 활동이 늘어나면서 한편으로는 갯벌의 안전사고도 늘어나고 있다. 해양경찰청 연안사고 통계 결과에 따르면, 최근 5년간(2017~2021) 582명, 연간 100명 이상의 사람이 죽거나 다친다고 한다. 특히 갯벌에 있는 갯골 주변에서 안전사고가 계속 늘어나고 있다.

우리나라에는 2021년 7월 유네스코가 지정한 세계자연유산 갯벌이 있다. 충남 서천, 전북 고창, 전남 신안, 보

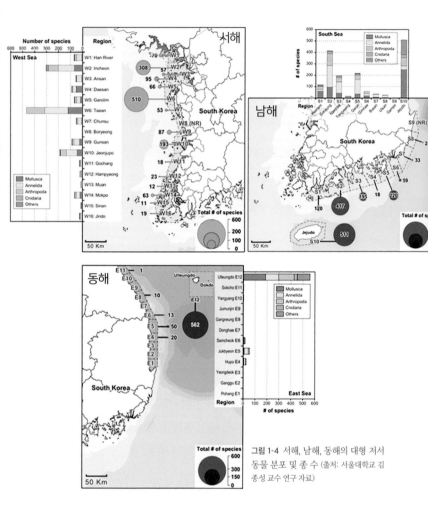

그림 1-4 서해, 남해, 동해의 대형 저서
동물 분포 및 종 수 (출처: 서울대학교 김
종성 교수 연구 자료)

성-순천 갯벌이 '한국의 갯벌(Global Korean Flats)'로 등재되었

는데, 전 세계적으로 인정받은 우리 갯벌의 우수성은 '생물

그림 1-5 물때를 미리 알아두어 갯벌 빠짐에 대비해야 한다.(출처: shutterstock.com)

다양성 보전 및 멸종위기 철새 기착지로서의 탁월한 보편적 가치(OUV, Outstanding Universal Value)'에 있다. 즉, 우리 갯벌에는 생물다양성이 크고 멸종위기종이 많이 살고 있다는 뜻이다. 따라서 우리가 갯벌의 생물을 보존하는 것은 우리는 물론 전 세계 자연유산을 지키는 일이다.

이에 해양수산부는 세계유산으로 등재된 '한국의 갯벌'을 더욱 체계적이고 통합적으로 보전·관리하기 위해 '갯벌 세계유산 통합관리 추진계획(안)'을 마련했다. '세계유산「한국의 갯벌」통합관리 추진계획(안)'은 '갯벌 등의 관리 및 복원에 관한 기본계획'의 주요 정책 및 사업과 연계하여, 세계유산으로 지정된 갯벌의 생태적·경제적 가치 보전과 관리 및 지속가능한 이용을 위한 정책적·제도적 기반을 강화하는 4대 중점 추진전략과 10대 핵심과제를 담고 있다. 4대 전

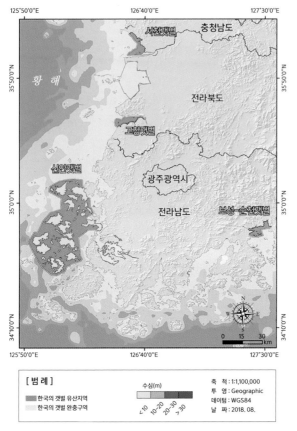

그림 1-6 한국의 갯벌 세계자연유산 등재 지역(출처: 한국갯벌의 세계유산 등재 추진단)

략으로 세계유산의 탁월한 보편적 가치(OUV) 보전, 체계적
인 세계유산 통합관리체계 구축, 세계유산 활용성 증진 및
가치 확산, 갯벌 유산지역 확대 및 협력 강화를 중점적으로
추진한다.

갯벌을 보호하기 위한 연구의 시작

최근 기후변화로 인해 지구환경과 생태계에 많은 변화가 일어나고 있는데, 갯벌도 예외가 아니다. 해수면 상승, 수온 변화, 해류 변화로 인해 갯벌 환경과 생물들이 변화하고 있는 것이다. 그리고 자연적 변화요인 외에 부족한 땅을 늘리기 위하여 과거 몇십 년 동안 얕은 연안을 매립하거나 하굿둑 건설, 수산물 생산을 늘리기 위해 양식장 건설 등 사람의 행동과 환경에 따른 변화도 많았다. 최근에는 대규모 해상풍력단지 개발이나 해안 모래 채취 등의 갯벌 주변 환경의 변화도 계속되고 있다.

이처럼 자연적이거나 인위적인 변화로 갯벌에 무슨 일이 벌어지는지, 어떤 피해가 생기는지, 이를 위해 어떻게 해야 하는지를 알려면 과학적인 정보가 필요하다. 하지만 갯벌은 하루에 두 번 밀물과 썰물이 교차하기 때문에 사람들이 현장 조사를 할 수 있는 시간이 제한되어 있다. 또한 푹푹 빠져서 걷기 어려우며, 차가 들어가기도 어렵다. 이렇듯 갯벌에 직접 들어가 현장 조사를 한다는 것은 굉장히 어렵다. 따라서 지난 40년간 직접 갯벌에 들어가 조사하고 연구한 자료 등에는 한계가 있을 수밖에 없다.

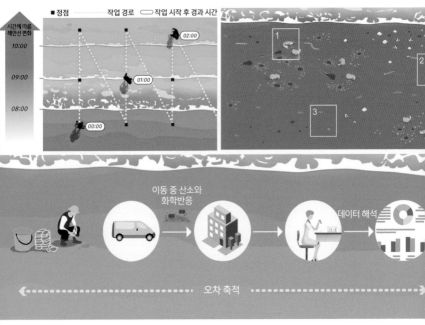

그림 1-7 갯벌 현장 조사와 저서생물 밀도 차이의 문제점들

먼저, 연구 대상인 생물 시료를 채취하고, 이를 운반한 뒤 실험실에서 분석하는 방법으로는 갯벌 전체를 다 조사할 수 없어 몇 군데 정점(定點, 장소나 위치 등을 정해 놓은 일정한 점)에서 시료를 채취하여 연구한 뒤 그 결과로 전체를 해석한다. 이로 인해 자료 해석의 개인별 오차, 동시 조사 불가능, 분석 과정에서의 오차, 연도별 비교 한계 등의 문제가 있다. 좀 더 정확한 조사를 하려면 몇 군데 정점 조사보다는 더 넓

은 곳을 동시에 조사하여 얻은 갯벌의 정보로 갯벌의 변화 상황을 파악하는 것이 낫다. 그 뒤 세부적인 사항이 발생하면 좀 더 면밀한 방법으로 조사하여 갯벌을 이해하는 것이 필요하다.

이처럼 갯벌을 연구하는 과학자들은 정점 위주의 현장 조사 방법으로는 갯벌의 정확한 상태를 공간적으로 정확히 진단하는 데 한계가 있음을 인식하고, 위성이나 드론 등의 첨단 정보수집(monitoring) 기법을 이용한 연구를 수행하고 있다.

02

원격탐사를 이용한
갯벌 주제도

수많은 생물이 살아가는 갯벌은 다양한 퇴적물로 구성되어 있고, 육지의 하천과 바다가 만나 여러 곳에서 흘러든 물들이 갯골을 이루며 시시각각으로 변화한다. 따라서 갯벌에 대해 최대한 많은 정보를 얻으려면 빠르고 정확하게 정보를 수집하는 것이 중요하다. 어제 있던 갯골이 오늘 사라지고, 어제 살던 생물이 오늘은 사라지는 등, 매우 빨리 변화하는 갯벌의 특성을 고려하면 연구자가 제공하는 정보가 '현재' 정확하다고 말하기는 힘들다. 다시 말해, 직접조사, 정점 조사, 지역조사 방법으로 시시각각으로 변하는 환경정보를 반영하려면 빠른 시간에 넓은 지역을 동시에 조사하여 정보를 제공해야 한다.

어떻게 하면 이런 것이 가능할까? 우리나라처럼 넓은 갯벌을 샅샅이 조사하려면 얼마나 많은 연구자가 필요한지 알 수 없다. 게다가 그 자리에서 결과를 내는 것은 불가능하고,

조사에 참여한 모든 연구자의 결과를 모으는 것은 더더욱 불가능하다.

하지만 21세기에 등장한 첨단 기법을 사용하면 이 일이 가능해진다. 먼저, 사람이 갯벌에 직접 들어가 살펴보았던 것을 하늘에서 내려다본다면 어떨까? 만일 CCTV와 비슷하게 갯벌을 관찰할 수 있다면 넓은 지역뿐만 아니라, 시시각각으로 변하는 갯벌까지도 관찰할 수 있다.

갯벌은 평지처럼 보인다. 실제로 갯벌의 경사는 1도 미만으로 우리 눈에는 경사진 것처럼 보이지 않는다. 하지만 썰물 때 물이 밀려오고 밀물 때 물이 나가는 것을 보면 미세하게 경사진 것을 알 수 있다. 하루에 두 차례씩 일어나는 밀물과 썰물에 따라 바닷물은 갯골(조류로, tidal channel)을 만드는데 단순히 경사 때문에 움직이는 것이 아니라, 드나드는 바닷물이 갯벌 사이사이 골을 따라 흐르게 된다.

갯골은 얕게는 발목에서부터 깊게는 성인 키를 훌쩍 넘는 수 미터에 이르기까지 깊이가 다양하다. 이 때문에 안전사고가 일어나기도 하는데, 갯벌에서는 얼핏 바닷물이 멀리 있어 보여도 금세 갯골에 물이 차서 건너지 못하거나 빠져나오지 못하는 경우가 많다. 갯벌에서 일어나는 사고는 대부분 이와 관련이 있다. 특히 펄이 많은 곳의 갯골과 모래가 주

성분인 갯벌은 밀도나 강도의 특성이 다르기에 같은 갯벌이라 생각하지 말고 발빠짐 등을 고려하여 미리 대비하고 조심해야 한다.

갯벌 지형을 조사해야 하는 이유 중의 하나도 안전을 위해서다. 갯벌에 가기 전에 우리가 갈 갯벌의 지형적 특징을 미리 알아두면 편리할 것이다. 지도를 그릴 때 하늘에서 내려다보는 것이 편리하듯이 갯벌 지형도를 그릴 때도 높은 곳에서 보면 좋다. 하지만 갯벌에는 육지와 달리 산, 골짜기, 나무, 도로, 건물 같은 다양한 구조물을 보기 힘들어 높이 올라간다고 높낮이의 형상이 나타나는 갯벌의 지형도를 그릴 수 있는 것은 아니다. 우리가 위성이나 드론 자료를 이용하여 갯벌의 지형을 그리는 이유가 바로 여기에 있다.

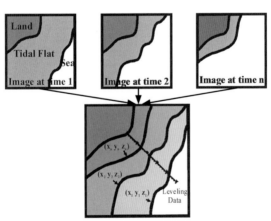

그림 2-1 위성 자료의 수륙 경계선으로 갯벌의 지형을 파악하는 방법

원격탐사로 어떻게 갯벌 지형도를 만들까?

원격탐사 자료를 이용하여 갯벌 지형도를 만드는 방법에는 크게 4가지가 있다.

첫 번째는 갯벌 지형의 특징을 이용하는 방법이다. 갯벌은 경사가 완만하며 비교적 단순한 지형 특성을 보인다. 단기간에 서로 다른 밀물과 썰물 상태의 위성 자료에서 갯벌과 바닷물의 경계선을 찾아, 여기에 조위(tide level, 기준면에서 해수면을 측정했을 때의 높이. 바닷물의 절대높이)값을 대입하고 각 영상에 나타나는 조위 간격의 높이를 등고선화함으로써 갯벌 지형도를 제작하는 것이다. 수륙 경계선에서 생성된 갯벌 지형도는 얼마나 다양한 조석 상태의 위성 자료를 담아내고, 이로부터 갯벌과 바닷물의 경계선이 얼마나 정밀하게 등고선화하여 나타나는지에 따라 갯벌의 형태를 결정한다. 이때 위성영상에서 얻은 경계선에 얼마나 정확한 조위값을 대입하느냐에 따라 지형도의 정밀도가 좌우된다. 그러나 이 방법은 장기간의 큰 지형 변화는 알 수 있지만 단기간의 지역적이고 미세한 변화를 파악하기는 어렵다.

〈그림 2-2〉는 충남 안면읍 황도 갯벌을 대상으로 선박에서 얻은 음향측심 자료와 위성에서 얻은 수륙 경계선을 합

해서 만든 갯벌 지형도이다. 선박을 이용한 음향측심 방법
은 선박에서 연속적으로 수면 아래 해저로 초음파를 발사
하여 해저 바닥에서 반사된 초음파가 되돌아오는 데 걸리는
시간으로 수심을 알아내는 방법이다.

〈그림 2-2〉 왼쪽에 빨간 선으로 표시된 것과 같은 선박의
궤적에서 정확한 해저지형 자료를 얻을 수 있다. 하지만 수
심이 낮으면 배의 하부선체가 해저 바닥에 닿기 때문에 배
가 진입하기 어려운 곳에서는 측량하기 어렵다. 또한 선박이

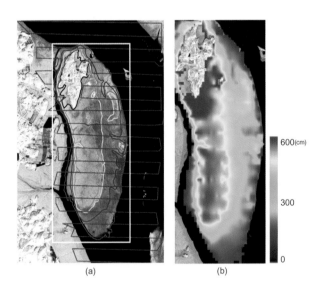

그림 2-2 음향측심 방법과 위성 수륙 경계선 방법을 이용하여 제작한 충남 안면군
황도 갯벌 지형도

지나가지 않은 경로에서는 해저지형의 정확한 정보를 얻을 수 없어 자료로 만들기에는 한계가 있고 정밀도에 문제가 있다. 반면, 위성에서 얻은 수륙 경계선과 배에서 얻은 음향측심 자료를 합치면 좀 더 정밀하게 전반적인 갯벌 지형의 높낮이를 설명할 수 있다.

두 번째는 합성개구 레이더 간섭(InSAR: Interferometric Synthetic-Aperture Radar) 기법으로 두 장 이상의 마이크로파장대 합성개구 레이더(SAR: Synthetic-Aperture Radar) 영상을 두 장 이상의 SAR 영상 위상 차이를 이용해서 대상 지역의 지형을 파악하거나 지표 변위를 분석하는 방법이다. 우리가 두 눈의 시차로 원근감을 인지하듯이, 한 지역을 서로 다른 시기 또는 다른 각도에서 촬영한 두 장 이상의 영상은 영상 내의 각 픽셀에서 위상(phase)의 차이를 보이며 해당 지점의 3차원 정보를 제공한다. 이렇게 얻은 3차원 정보로 연구 지역의 지표 변위를 정밀하게 얻을 수 있으며, DEM(Digital Elevation Model, 수치표고모형) 제작 등에 널리 쓰이고 있다. InSAR 기법을 이용한 분석은 SAR가 기본적으로 가지고 있는 기상 조건과 시간대의 제약 없이 영상자료를 얻을 수 있다는 장점이 있다.

반면에 InSAR 기법은 하나의 위성으로 반복해서 관측

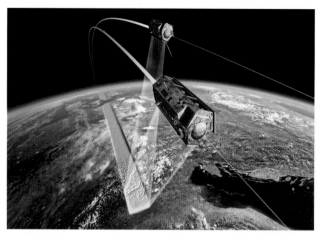

그림 2-3 독일 TanDEM-X와 TerraSAR-X 위성. 두 개의 SAR 위성이 일정 간격으로 동시에 자료를 얻어 육상의 지형도를 제작한다. 이와 같은 방법으로 갯벌 지형도를 제작할 수 있다.

할 경우, 갯벌의 노출시간이나 함수율 등 환경이 변하게 되어 두 영상 간의 매칭이 어려워져 지형도 제작이 어려웠고, 두 개의 위성으로 동시에 촬영할 경우에는 짧은 기선거리(두 위성궤도 간의 거리)로 육상에 비해 훨씬 지형 고도가 낮은 갯벌의 정밀지형도를 제작하는 데 어려움이 있었다.

하지만 몇 년 전 독일우주항공국(DLR)의 Terra-SAR/TanDEM-X 쌍둥이 위성을 이용하여 한국의 갯벌 지형도 제작에 성공했다. 〈그림 2-4〉는 Terra-SAR와 TanDEM-X가 전북 변산반도에서 전남 영광 지역까지 관측한 영상으로

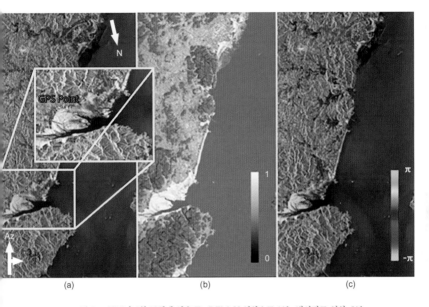

그림 2-4 2015년 6월 12일에 얻은 TanDEM-X 영상으로 (a)는 반사강도 영상, (b)는
간섭강도 영상, (c)는 간섭상 영상(위성영상 처리 과정에서 뒤집힌 영상)

왼쪽부터 반사강도 영상, 간섭강도 영상 그리고 간섭상 영
상이다. 변산반도 위쪽의 곰소만과 영광 주변의 갯벌이 무지
개색으로 표현된 것은 지형 고도를 의미한다. 〈그림 2-5〉는
InSAR 기법으로 얻은 곰소만 갯벌 지형이며 공간해상도는
7미터이며 수직오차는 15센티미터 미만이다.

　세 번째는 항공기에 라이다(LiDAR: Light Detection and
Ranging) 센서를 부착한 항공라이다 기법으로 육상의 고해

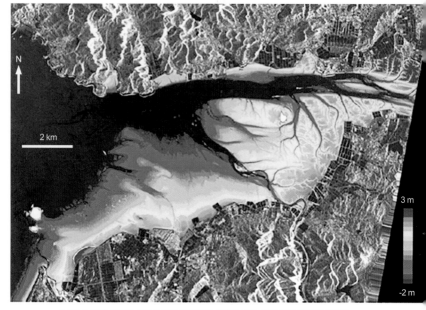

2 km

N

3 m

-2 m

그림 2-5 독일 위성을 이용한 곰소만 갯벌의 지형도 영상. 육지 부분의 흑백 영상은 SAR 영상의 강도 이미지, 갯벌은 지형의 높이와 갯골 분포를 나타낸다.

상도 지형도를 제작하는 데 주로 사용되었다. 라이다는 가시광선 영역을 이용하여 전자기파를 쏘고 받아서 그 거리를 측정해 지형도를 제작한다.

항공라이다는 물 밖으로 노출된 갯벌만을 지형도로 제작할 수 있지만, 항공수심라이다는 노출된 갯벌과 얇은 물로 덮인 연안까지 지형도를 제작할 수 있다. 항공수심라이다는 400미터 상공에서 파장이 다른 2개의 레이저를 발사

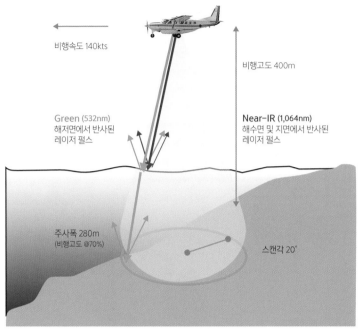

비행속도 140kts

비행고도 400m

Green (532nm)
해저면에서 반사된
레이저 펄스

Near-IR (1,064nm)
해수면 및 지면에서 반사된
레이저 펄스

주사폭 280m
(비행고도 @70%)

스캔각 20°

그림 2-6 항공수심라이다 개념도

하여 해저면과 해수면/지면의 데이터를 동시에 얻는다.

〈그림 2-6〉에서 녹색 레이저(532nm)는 해수면을 투과하여 해저면에서 반사하고, 적외선(IR: infrared)은 레이저(1,064nm)는 해수면과 지면에서 반사한다. 적외선 파장은 해수면에서 거의 모든 에너지가 흡수되기 때문에 반사되어 돌아오는 빛의 값이 지상에서보다 급격히 줄어드는 특성과 기타 여러 변수를 이용하여 해수면을 구별하게 된다. 조사선

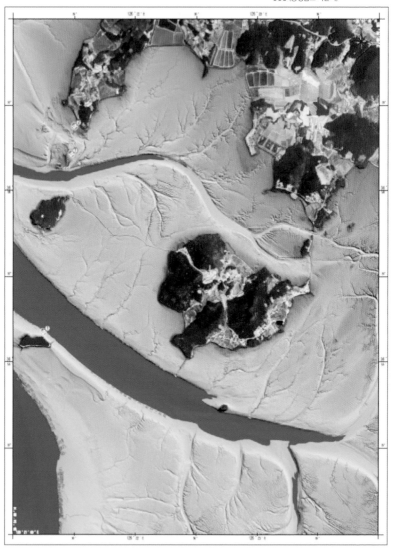

그림 2-7 항공수심라이다 갯벌 지형과 갯골 분포도(출처: 해양수산부, 2020)

의 접근이 어려운 저수심 해역의 수심 정보를 얻을 수 있고, 육상, 갯벌, 저수심 해역의 정보를 연속적으로 측량할 수 있어 주로 해안선 조사, 해도 제작, 갯골 분포도 제작 등 3차원의 연안 공간 데이터 구축에 활용된다.

현재 사용되고 있는 항공수심라이다 측량 기술은 대부분 바닷물이 맑은 곳에서만 유효한 데이터를 얻을 수 있지만, 우리나라 서해처럼 부유물이 많아 탁도가 높은 해역의 경우 라이다의 수심 투과 깊이가 짧아지기 때문에 좋은 자료를 얻기 어렵다. 따라서 우리 연구진은 한국의 서해처럼 탁한 해역에서도 활용할 수 있는 한국형 항공수심라이다 개발과 분석 방법을 연구 중에 있다.

네 번째는 드론으로 사진을 측량하여 갯벌 지형도를 만드는 방법이다. 최근 드론의 사용이 편리해지고, 안정적으로 발전하게 되면서 드론에 장착된 광학카메라나 라이다를 이용한 고정밀 지형 자료를 얻을 수 있게 되었다. 드론을 이용한 사진 측량은 대상 지역에 대해 사진들을 촘촘하게 중복 촬영함으로써, 사진들 사이의 중복지점의 특이점 좌표를 찾아내는 방식으로 제작된다. 이러한 방식을 SIFT(Scale Invariant Feature Transform) 기법이라 하는데 연구 범위의 모든 사진에 대해 서로 간의 특이점을 찾아내어 수많은 기준점(tie points)을 생성해낸다. 이 많은 기준점들을 포인트클라우드(point cloud, 점군 데이터)라고 하며, 이를 기반으로 갯벌 영역을 수직으로 내려다보는 지도인 정사 영상(Orthophotograph)과 사진의 픽셀을 고도 정보로 나타내는 수치표고모형(DEM)을 생성해낸다.

이 과정에서 사진을 촬영할 때 저장된 촬영 당시의 위치 정보와 자세 정보가 사용되는데 드론에 탑재된 GPS(Global Positioning System, 인공위성을 이용하여 위치를 정확히 알아낼 수 있는 시스템)와 IMU(Inertial Measurement Unit, 관성 측정장치로, 이동 물체의 속도와 방향, 중력, 가속도를 측정한다)의 성능에 따라 결과물의 좌표 정확도에서 차이가 발생한다. 이를 보정하기 위해 지상에서 쉽게 확인할 수 있는 지상 기준점(GCP: Ground Control Point)을 선정하거나 설치하여 위치 정확도를 높인다.

제작된 결과물의 품질 요소 중 하나인 공간해상도는 하나의 픽셀에 대응하는 지상의 실제 길이로, 이를 GSD(Ground Sampling Distance, 지상 표본 거리)라고 한다. GSD는 센서에서 빛을 감지하는 CCD(Charge Coupled Device, 전하결합 소자로 필름 카메라의 필름에 해당)와 센서의 시야각(Field of View, FOV), 무인항공기의 촬영 고도에 의해 결정되는데 고도를 낮게 운영할수록 해상도가 높은 GSD의 자료를 얻는 반면, 촬영할 수 있는 범위가 줄어든다. 한편, 촬영한 영상에서 정사 영상을 생성하는 과정에서 특이점, 즉 SIFT 기법으로 추출할 수 있는 특징적인 포인트가 존재하지 않는 갯벌 잔존수*가 많

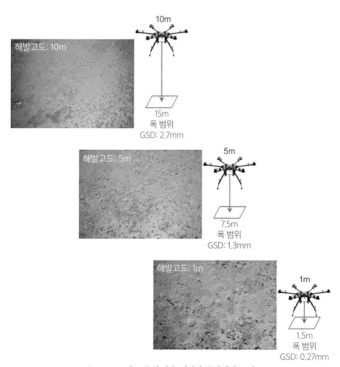

그림 2-8 고도별 드론의 관측 영역과 공간해상도 비교

---

* 바닷물이 빠지고 갯벌이 대기에 노출된 뒤 표면에 남아 있는 물

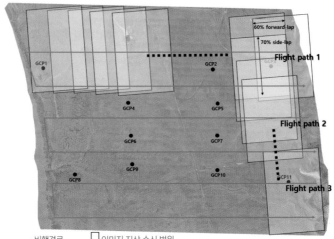

→ 비행경로   ☐ 이미지 지상 수신 범위
● 지상 기준점(GCPs)

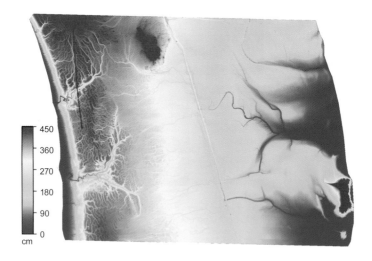

그림 2-9 드론을 이용한 안면도 황도 갯벌 정사 영상(위)과 갯벌 지형도(아래)

은 지역에서는 포인트가 일치하지 않아 정사 영상이 생성되지 않을 수 있으니 제작할 때 주의해야 한다.

〈그림 2-10〉은 앞에서 말한 세 가지 방법으로 만든 곰소만 갯벌 지형도를 비교한 것이다. 수륙 경계선 방법으로 만든 맨 위 그림은 갯벌의 전체적인 경사 특성만 파악할 수 있고, 두 번째와 세 번째 방법인 InSAR와 LiDAR는 갯골의 분포까지도 알 수 있으며, 공간해상도가 1미터인 LiDAR에서 작은 갯골의 분포와 깊이까지도 알 수 있어 갯벌 안전사고는 물론, 갯벌 양식에 도움이 될 것으로 생각된다.

앞에서 설명한 네 가지 방법으로 갯벌 지형도를 만드는 방법이 있지만, 복합적인 방법으로 육상-갯벌-해저 통합 지형도를 제작하는 것도 생각해 볼 수 있다. 〈그림 2-11〉은 선박에 탑재된 음향측심기를 이용하여 해저 지형도를 제작했고, 독일의 TanDEM-X 위성을 이용하여 갯벌 지형도를 제작했다. 또한 미국 우주왕복선(SRTM: Shuttle Radar Topographic Mission)을 이용하여 제작한 육상 지형도에 유럽 위성인 센티널(Sentinel) 광학위성을 색채로 합성했다. 사각형으로 표시한 흰색 지역은 드론을 이용하여 정밀 관측한 갯벌 지형도를 나타낸다.

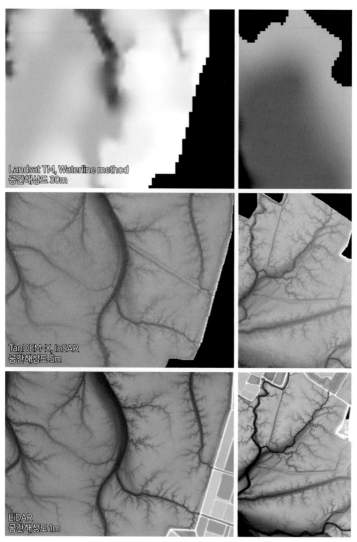

그림 2-10 원격탐사 자료를 이용하여 만든 갯벌 지형도의 공간해상도 비교

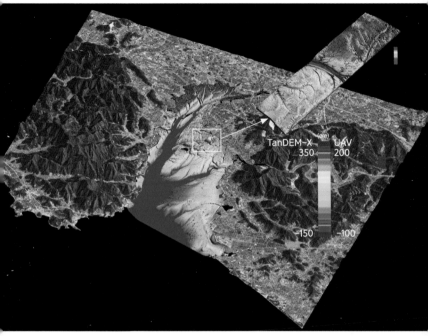

그림 2-11 선박-우주왕복선-위성-무인항공기 플랫폼에 음향-광학-마이크로파 센서를 이용한 곰소만 육역-갯벌-해역 주변 융복합지형도

　　이와 같이 한 지역에 대해 여러 나라의 다양한 원격탐사 시스템을 접목하여 갯벌과 주변 환경의 지형도를 제작하면 해양과 육상과 상호작용에 대해서 연구할 수 있다. 예를 들면 갯벌에서 침식된 부분이 해저의 어느 부분에 퇴적되었는지를 파악하면 해결책을 제시할 수 있다.

펄과 모래를 구분할 수 있다고?

지금까지 갯벌 지형도를 만드는 방법에 대해 알아보았다. 원격탐사를 이용하여 갯벌 지형도를 제작하기 위해 위성, 유인항공기, 드론이라는 플랫폼에 광학센서, SAR 센서, 라이다 센서, 카메라 등의 탑재체를 이용했다.

갯벌 지형도와 함께 중요한 요소는 갯벌의 표층 분포도이다. 갯벌의 표층은 주로 흙과 이를 덮고 있는 갈대, 칠면초 등 염생식물로 구성되어 있다.

갯벌을 구성하는 흙은 알갱이가 큰 모래갯벌과 알갱이가 작은 펄갯벌로 나눌 수 있으며, 이 둘이 혼합된 혼합갯벌로 구분된다. 이렇게 흙 알갱이의 크기에 따라 구분된 흙의 특성을 퇴적상이라고 하며, 갯벌의 퇴적상에 따라 서식하는 생물의 종류, 갯골의 크기와 모양이 달라진다. 또한 갯벌 주변의 방조제 등 인공구조물 건설로 바닷물 흐름의 변화가 일어나 퇴적물(흙)이 이동하면서 갯벌 표층에 심한 침식과 퇴적작용이 일어나기도 한다. 이렇듯 퇴적상은 갯벌을 구성하는 기본적인 요소일 뿐 아니라 해당 지역의 물리적 특성을 반영하고 환경을 이해하는 데 중요한 요소이다.

해수　펄갯벌　굴과 바위　펄/혼합갯벌

경운기길

그림 2-12 드론으로 촬영한 갯벌 영상. 해수, 펄갯벌 그리고 굴이 붙어 있는 바위 등이 사진에 잘 나타나 있다.

　갯벌의 퇴적상을 분석하는 방법으로는 크게 현장 조사 방법과 위성 자료를 이용한 방법으로 나눌 수 있다. 퇴적물을 채취하는 방법에는 직접 채취와 선박 채취가 있으며, 〈그림 2-13〉의 빨간색과 노란색, 초록색 점은 연구자들이 갯벌을 다니며 표층 1센티미터 이내의 퇴적물을 직접 채취한 지점이며, 파란색 점은 만조 때 선박을 타고 그랩(Grab)을 이용하여 채취한 지점이다.

　현장에서 채취한 퇴적물은 실험실에서 퇴적물 분석 방법으로 해당 퇴적물의 다양한 알갱이 크기별로 무게를 측정한다. 이를 바탕으로 퇴적물의 모래와 펄 함량을 구하여 퇴적상을 분석한 뒤 그 퇴적상들 사이의 평균값(사잇값)을 취하

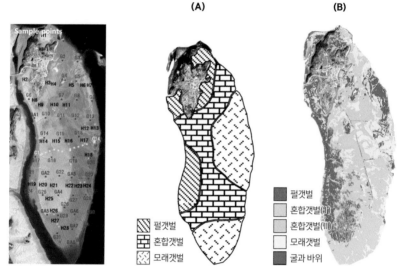

그림 2-13 현장 관측 자료의 보간(A)과 위성 자료(B)의 갯벌 퇴적상 분포도 비교

는 보간(interpolation) 방법을 이용하여 퇴적상의 공간 분포를 유추한다. 현장 관측의 경우 접근성 문제로 시료 채취량과 보간법의 자료처리에 한계가 있어 퇴적상을 분류한 경계선이 모호하여 정확도가 낮게 나타난다.

따라서 약 30년 전부터 매우 넓은 갯벌의 퇴적상을 지속적이면서 공간적으로 분석하기 위해 현장 자료와 함께 원격탐사 자료를 활용하려는 연구가 계속되었으며, 원격탐사 자료를 이용한 갯벌 퇴적상 탐지에는 다양한 위성과 드론 영상이 활용되고 있다. 〈그림 2-13〉에서 맨 오른쪽 영상(B)은 3미

터 공간해상도의 Kompsat(Korea Multi-Purpose SATellite, 아리
랑 위성의 영문 이름)-3 위성 영상을 이용하여 분석한 그림으로
현장 관측 자료의 보간 방법과 위성 자료의 퇴적상 분포도
를 서로 비교해 볼 수 있다.

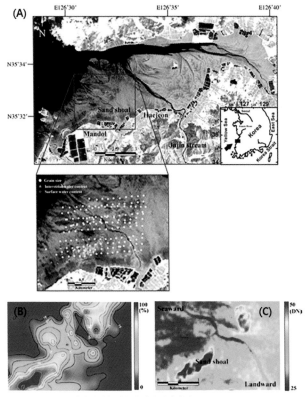

그림 2-14 Landsat 위성 영상을 활용한 갯벌 퇴적상 분포도:
(A) 현장 관측 정점도, (B) 모래 퇴적상 분포도, (C) Landsat 위성 근적외선 영상

2000년대 초반에는 위성 영상을 활용한 광학 반사도 분석으로 퇴적상을 분류하는 연구가 진행되었다. 기존의 광학 반사도를 분석하면서 공간해상도가 30미터인 영상을 활용할 경우 0.25밀리미터 크기의 입자들을 분류할 수 있었지만, 일부 갯골의 영향을 받는 입자들은 잘못 분류된 것으로 확인되었다. 이 연구를 통해서 광학 반사도는 단순히 입자의 크기뿐만 아니라 지형과 수분함량의 영향을 받는 것을 확인할 수 있었다.

이에 따라 입자의 크기뿐만 아니라 갯벌의 지형적인 특성을 고려한 고해상도 위성영상에 객체기반 분류 방법을 적용하여 퇴적상을 분류하는 연구가 진행되었고, 이 연구에서 0.25밀리미터보다 크기가 작은 입자와 수 미터 이상인 갯골의 영향을 받는 입자들도 분류하게 되었다.

그러나 이 방법에도 한계점이 있는데, 고해상도 위성영상이라고는 하지만 갯벌 입자 분포에 영향을 미치는 수십 센티미터의 갯골과 같은 미세지형들의 정보와 지표 잔존수에 근거하여 모래 함량에 따른 모래, 혼합, 펄 퇴적상 정도로만 분류할 수 있었다.

최근에는 좀 더 조밀하게 얻은 현장 자료를 분석하고, 공간해상도가 수 센티미터인 드론 자료를 사용하여 광학 반사도와 갯벌 퇴적 환경 요인들을 비교 분석하여 황도 갯벌의 대축척 표층 퇴적상 분류 가능성과 효과적인 분류 방법을 제시하는 연구를 진행하고 있다. 또한 분류 기법에 인공지능을 이용하여 정확도를 높이는 연구가 한창이다.

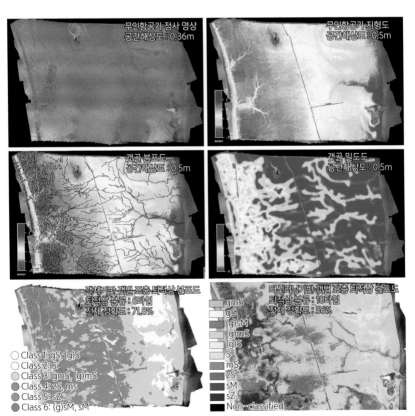

그림 2-15 무인항공기 드론에서 얻은 갯벌 정사 영상, 지형도, 갯골 분포도, 갯골 밀도도와 객체 분류기법과 인공지능을 이용한 갯벌 퇴적상 분포도

염생식물 주제도*

갯벌은 땅과 바다가 만나는 곳이다. 그렇기에 육상생태계와 해양생태계가 서로 영향을 주고받는 전이지대로, 생물들의 먹이원인 영양염류(바다나 호수 및 하천 속의 규소/인/질소 등의 염류의 총칭으로 바닷말의 몸체나 식물플랑크톤의 몸체를 구성하며, 이들의 증식에 주요 요인으로 작용한다)가 풍부하고 다양한 생물종이 서식하는 공간이다.

갯벌에서 자라는 식물을 본 적이 있을 것이다. 언뜻 생각하면 소금기가 있는 땅에서 자라는 식물은 없는 것 같지만, 소금기 있는 바닷물이 드나드는 갯벌에서도 잘 자라는 식물이 있다. 이를 염생식물(halophyte)이라고 하는데, '소금 염(鹽)' 자를 쓰는 것에서 알 수 있듯이 염분이 있는 곳, 즉 소금기가 있는 바닷가에서 자라는 식물을 말한다. 하지만 바닷속에서 살아가는 해조류와는 다르다.

염생식물은 해조류나 육상 식물과는 달리 완전한 육지도 아닌 바닷가도 아닌 곳에서 살아간다. 염생식물은 염분에 대한 내성을 지니고 있다. 첫 번째는 높은 염분의 환경에

---

*주제도란 특정한 주제를 강조하여 표현한 지도로서, 갯벌 주제도에는 지형, 갯골, 퇴적상, 표층분포 등이 있다.

서 소금기를 전혀 흡수하지 않는 방법이고, 두 번째는 소금기를 흡수하여 일부를 제외하고 다시 몸 밖으로 배출시키는 방법이다. 대표적인 염생식물에는 갈대, 갯잔디, 갯질경, 나문재, 번행초, 칠면초, 퉁퉁마디(함초) 등이 있으며 우리나라에는 21과 60여 종이 분포하는 것으로 알려져 있다. 퉁퉁마디, 나문재, 해홍나물 등은 주로 펄갯벌에서, 갯잔디, 갯메꽃, 통보리사초 등은 주로 모래갯벌에서 자란다.

최근에는 인공지능 기법을 적용하여 드론의 고해상도 영상으로 염생식물을 탐지하고, 종류를 구분하는 연구도 수행하고 있다. 다음의 〈그림 2-16〉과 〈그림 2-17〉은 광학카메라를 장착한 드론으로 전북 고창 주진천에 서식하는 갈대와 해홍나물의 분포를 촬영한 것이다. 수백 장의 드론 영상을 하나의 영상으로 합치는 과정에서 정사 영상을 생성하고, 각 염생식물의 분광학적 특성을 이용하여 식생 종류를 분류했다. 또한 드론에 장착된 라이다 센서를 이용하여 지형의 고도와 식생의 높이를 추정했다. 이처럼 수치표고모형 분석을 통해서 지형의 고도와 식생의 높이를 추정할 수 있다.

〈그림 2-18〉은 라이다(LiDAR) 센서를 장착한 드론으로 촬영한 영상이다. 라이다는 출력이 높은 레이저를 방사하고, 이 레이저가 물체에 반사되어 돌아오는 데 걸리는 시간을 측

정하여 3차원의 거리 정보를 획득하는 원리이다. 이를 통해 각 염생식물의 광학적 특성과 함께 정밀한 시형 자료와 염생식물의 높이(키) 정보를 활용한다면 염생식물의 분포를 정확히 파악할 수 있을 것으로 기대된다.

그림 2-16 전북 고창 주진천 염생식물 분포(드론 촬영 영상). 해홍나물(파란색 원 주변)과 갈대(주황색 원 주변)의 특성이 다르게 나타난다.

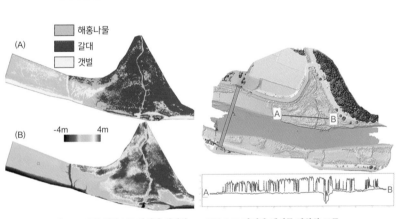

그림 2-17 드론 영상으로 촬영한 염생식물을 분류한 결과(A)와 수치표고모형(B)

그림 2-18 라이다 센서를 장착한 드론으로 촬영한 수치 지형 모형과 식생 높이 분석 자료

갯벌 저서동물 주제도

▶저서생물이란?

한 번쯤 갯벌에 놀러 가 푹푹 빠지는 진흙 속에 숨어 있는 조개나 게를 잡아본 적이 있을 것이다. 갯벌 바닥을 자세히 들여다본 사람들은 육지에 있는 흙과는 달리 작은 구멍들이 많다는 것을 알아차렸을 것이다. 아무것도 아닌 것 같지만, 그 많은 구멍은 모두 생물의 흔적이다.

또 바닷가에서 꽃을 피우는 염생식물과 눈에는 보이지 않으나 갯벌 흙에서 광합성을 하는 소형 저서식물인 규조류(diatom) 등도 갯벌의 주요 구성원이다.

그림 2-19 우리나라 갯벌의 대표적인 염생 식물인 해홍나물(왼쪽)과 칠면초(오른쪽)

그림 2-20 염생식물로 뒤덮인 순천만 갯벌의 가을 풍경

저서생물은 이렇게 다양하지만 이 책에서는 갯벌에 살면서 눈으로 확인할 수 있는 대형 저서동물(대형 저서무척추동물)만 다룰 예정이다. 보통은 저서동물이라고 표현한다.

저서생물에서 저서의 한자 표기는 '밑 저(底)', '살다 서(棲)' 자로, 밑에 사는 생물이다. 강, 호수, 바다와 같이 수중에 사는 생물 가운데 바닥에 사는 생물을 통칭하여 저서생물이라고 한다. 이처럼 저서생물은 물에 실려 바닥에 쌓인 퇴적물 속이나 표면 또는 그 근처에 서식한다. 육상의 강과 호수, 해안의 갯벌 그리고 심해의 열수분출공까지 저서생물의 서식지는 다양하다.

저서생물(benthos)이라는 용어와 반대되는 생물 용어도 있을까? 바다에서 살지 않고 물속에서 주로 사는 생물들, 즉 물속을 이리저리 떠다니는 부유생물(浮游生物, plankton)과 물속을 헤엄치는 유영생물(遊泳生物, nekton)이라는 용어를 들 수 있겠다. 물속에 사는 수중생물을 주로 살고 있는 위치에 따라 구분해서 쓰는 용어이다.

어떤 생물은 어릴 때에는 바다에 살다가 커서는 물속에서 살기도 하는데, 이렇게 생애 주기에 따라 사는 위치가 달라지는 생물은 저서생물로 구분하지 않는다. 그러니까 같은 종이라도 항상 저서생물로 구분하지 않는다는 뜻이다.

예를 들어, 해양의 무척추동물(갯지렁이류, 조개류, 게류 등)
은 유아기라고 할 수 있는 유생 시기에는 바닷물에서 떠다
니는 부유 생활을 하며, 성장한 후에는 바닥으로 내려앉아
저서 생활을 한다. 이들은 일생 중 대부분의 시기를 저서 생
활을 하므로 저서생물로 구분하지만, 부유 생활을 하는 유
생 시기 동안은 부유생물로 구분한다.

저서생물로는 조개류·고둥류·갯지렁이류·게류·산호
류·불가사리류 등의 대형 무척추동물, 김·미역 등과 같은

그림 2-21 해양생물의 구분: 부유생물, 유영생물, 저서생물(출처:https://
www.vedantu.com)

대형 해조류, 잘피나 염생식물 같은 해산 현화식물, 그리고 넙치·홍어 등과 같이 해저면에 서식하는 어류 등이 포함된다. 또 크기가 작은 원생생물, 규조류, 박테리아도 서식 위치에 따라 저서생물로 구분할 수 있다.

저서생물은 크기에 따라서 대형 저서생물, 중형 저서생물, 소형 저서생물로도 구분한다. 몸체의 크기가 0.5밀리미터 또는 1.0밀리미터보다 큰 경우를 대형 저서생물, 이보다 작고 0.1밀리미터보다는 큰 경우를 중형 저서생물, 그리고 0.1밀리미터보다 작은 경우를 소형 저서생물이라 한다.

대형 저서생물에는 연안 지역에서 흔히 볼 수 있는 게류, 조개류, 고둥류, 갯지렁이류 등에서부터 심해에 사는 관벌레에 이르기까지 다양한 생물이 포함된다. 중형 저서생물은 선충류와 저서성요각류 등이 대표적인 예이다. 이들은 퇴적물 알갱이와 알갱이 사이에 주로 산다고 하여 간극생물이라고도 한다. 중형 저서생물보다 더 크기가 작은 박테리아, 규조류, 섬모충, 편모충, 아메바 등은 대표적인 소형 저서생물이다.

그림 2-22 우리나라 갯벌에 서식하는 대표적인 대형 저서동물의 종류:
갯지렁이류(A: 흰이빨참갯지렁이, B: 두토막눈썹참갯지렁이),
갑각류(C: 짧은가시육질꼬리옆새우, D: 농게), 연체동물(E: 맛, F: 동죽과 가무락)

▶우리나라 갯벌의 저서동물

갯벌은 육상과 해양의 환경석 특싱이 동시에 나타나는 독특한 서식지다. 바닷물이 밀려나는 썰물 동안에는 대기에 노출되는 육상 환경이고, 반대로 밀물 동안에는 바닷물에 의해 잠기는 해양 환경이다. 그렇다면 갯벌에 사는 생물들은 육지생물일까, 해양생물일까? 갯벌에 서식하는 생물은 대부분이 해양성 종이다. 아주 오랜 역사의 진화과정 속에서 서식지 분화를 통해 이곳을 고유한 삶의 터전으로 선택하게 된 것이다.

갯벌에서 흔히 볼 수 있는 갯지렁이류(polychaete), 조개류(bivalve), 고둥류(gastropod), 게류(brachyura) 등이 대표적인 갯벌 생물로 대형 저서동물에 속한다. 대형이라는 말에 물음표를 던지는 사람도 있을 것이다. 우리 손바닥 위에 올려놓을 수 있을 정도로 작은데 왜 대형이라고 하는지 의아해할 수도 있다. 하지만 이들은 저서생물 중에서 큰 편에 속하므로 대형 저서동물이라고 구분하는 것이다.

저서생물 가운데 우리 눈에 보이는 생물은 많지 않다. 갯벌에서 볼 수 있는 생물은 일부 어류와 새를 제외하면 대부분 대형 저서무척추동물(macrobenthic invertebrate)뿐이다. 이들은 모두 몸에 척추가 없다.

이밖에 저서동물은 먹이를 먹는 방법에 따라 구분할 수도 있다. 퇴적물 맨 위층이라 할 수 있는 표층, 또는 그 내부에서 흙과 함께 존재하는 작은 먹이를 먹는 저서동물을 퇴적물식자(deposit feeder), 물에서 떨어져 내리는 먹이를 먹는 저서동물은 부유물식자(suspension feeder)로 구분한다. 갯지렁이류, 고둥류, 갑각류 등이 퇴적물식자이며, 우리가 자주 먹는 조개류는 대부분 부유물식자에 속한다.

부유물식자에게는 다른 이름도 있다. 집에서 요리를 해본 사람이라면 건더기를 걸러내고 국물을 받아내려고 체를

그림 2-23 여과물식자 모식도. 갯벌에 사는 바지락 등의 조개류는 물과 함께 먹이(입자성 유기물)를 먹고 여과된 물을 뱉어낸다.

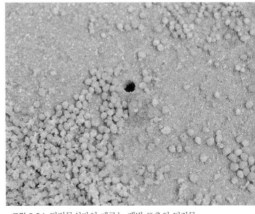

그림 2-24 퇴적물식자인 게류는 갯벌 표층의 퇴적물을 섭취해 먹이를 골라 먹고, 남은 흙을 경단 모양으로 만들어 뱉어낸다.

사용해본 적이 있을 것이다. 이처럼 먹이를 거르는 부유식물자는 특별히 여과물식자(filter feeder)라고도 한다. 그 이유는 아가미와 같은 그물망으로 먹이를 걸러 먹기 때문이다.

저서동물은 분류 특성에 따라 구분한다. 갯벌의 대표적인 대형 저서무척추동물의 분류군은 환형동물문(Phylum Annelida)에 속하는 갯지렁이강(Class Polychaeta), 조개와 고둥류를 포함하는 연체동물문(Phylum Mollusca) 그리고 게나 새우 등을 포함하는 절지동물문(Phylum Arthropoda)의 갑각강(Class Crustacea)을 꼽을 수 있다.

우리나라는 상대적으로 갯벌이 넓은데, 얼마나 다양한 생물이 있는지를 알기 위해 과학자들은 지금도 연구 중이다. 갯벌에서 우리가 가장 흔히 접할 수 있는 대형 저서무척추동물은 지구상에 존재하는 생물 중에서 아주 규모가 큰 분류군에 속한다. 지금까지 밝혀진 것만 해도 백만 종 이상인데, 아직 밝혀지지 않은 종이 이보다 훨씬 많을 것으로 분류학자들은 추정하고 있다. 여전히 우리가 밝히고 알아야 할 생물이 어마하게 남아 있는 셈이다.

제한된 자료이기는 하지만, 최근까지 알려진 우리나라 해역에 서식하는 대형 저서무척추동물은 1,915종이며, 이

가운데 갯벌에 서식하는 종은 약 650종이라고 한다. 네덜란드에서부터 독일, 덴마크 해안까지 걸쳐 있는 넓은 갯벌인 바덴해는 높은 생물종 다양성과 대규모의 천연 지형을 유지하고 있어 2009년에 유네스코 세계유산으로 등재되었다.

왕립 네덜란드 해양연구소의 2016년 자료에 따르면, 바덴해 갯벌에 서식하는 대형 저서무척추동물은 400종에 이른다고 한다. 대형 저서동물만 대상으로 비교하면 세 나라에 걸친 바덴해 갯벌에 비해 우리나라 갯벌이 훨씬 생물다양성이 높다. 다시 말해, 대형 저서무척추동물을 기준으로 할 때 해양생물다양성 측면에서 세계적으로 독보적인 곳이

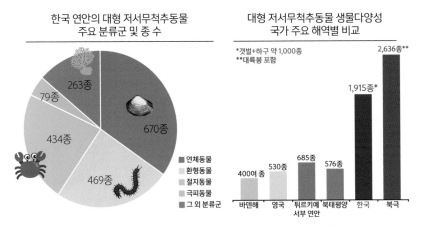

그림 2-25 한국 연안해역의 대형 저서무척추동물 생물다양성과 국가별 비교(《현대해양》, 10월 20일자 기사 "한국 갯벌의 해양생물다양성, 세계 최고 수준"에서 인용)

다. 이런 이유로 충남 서천군, 전북 고창군, 전남 신안군·순천시·보성군에 위치한 우리나라 갯벌은 좀 늦은 감이 있지만 2021년 유네스코 세계유산으로 등재되었다.

해양수산부는 우리나라의 고유종이나 국제적으로 보호 가치가 높은 88종을 해양보호생물(2022년 기준, 무척추동물 36종, 포유류 19종, 조류 16종, 해조/해초류 7종, 어류 5종, 파충류 8종)로

그림 2-26 우리나라 갯벌에 서식하는 대형저서무척추동물 중 해양보호생물로 지정된 종

지정하여 보호하며 관리하고 있다. 이 중에는 갯게, 남방방게, 눈콩게, 발콩게, 달랑게, 대추귀고둥, 기수갈고둥, 두이빨사각게, 붉은발말똥게, 흰발농게, 흰이빨참갯지렁이 등과 같이 갯벌에 사는 11종의 대형 저서무척추동물이 포함되어 있다. 무척추동물 36종 중 20여 종은 바다에 사는 산호류이고, 이를 제외하면 갯벌에 사는 저서동물이 해양보호생물의 대부분을 차지한다. 그만큼 갯벌은 보존해야 할 가치가 높은 서식지이다.

▶갯벌 저서동물의 분포

자연 상태의 생물은 서식지의 고유한 환경을 이용하며 살아간다. 이는 긴 진화의 역사 속에서 각기 다른 환경에 따라 저마다 적응한 결과이다. 사람이 살아가는 환경은 도시냐 농촌이냐 어촌이냐 등 사회적인 분류로 생각하지만, 생물은 다르다. 생물에게 살아가는 환경이란 육지에 사는지, 물속에 사는지, 물속에 산다면 짠물인지 민물인지, 산소가 많은지 적은지, 햇빛이 비치는지 아닌지 등등 자연적인 조건을 말한다.

생물 집단을 구성하는 각각의 종은 수많은 환경 조건에 반응하는 정도가 다르기 때문에 다양한 환경요인이 조합된 특정 지역에 서식하는 생물 집단이 결정되곤 한다. 사람이 살 수 있는 환경요인이라면 공기가 있는 땅 위, 마실 민물이 있는 곳, 햇빛이 적당해 먹이를 사냥하거나 키울 수 있는 곳 등 여러 조건이 맞아떨어지는 곳이 될 것이다. 이처럼 생물은 여러 조건이 조화로운 곳에서 잘 살아갈 수 있다. 반대로 어떤 생물을 발견했다면, 그곳의 환경 조건을 추측할 수도 있다.

그림 2-27 갯벌과 그 주변에서 생활하는 야생 동식물. 시화호 우음도 예시(그림: 임종길. 제공: 화성시, 화성생태관광협동조합)

특히 저서동물은 대부분 고착해서 살거나 움직임이 제한되어 환경 변화에 대처할 능력이 부족하다. 그러므로 저서동물이 어떤 종으로 구성되어 있는지를 파악하는 것으로 환경이 어떻게 변화했는지 알아낼 수 있다. 이러한 생물을 '지시자(指示子, indicator)'라고 한다.

동해안과 같이 바위로 이루어진 암반 조간대의 경우에는 서식지의 환경요인과 생물 상호 간의 관계(경쟁, 포식-피식)에 의해 저서동물의 분포가 결정된다. 즉, 많이 잡아먹힌 종은 해안 조간대에서 확인하기 어려울 수도 있다는 뜻이다.

그러나 서해안에서 볼 수 있는 연성 조간대(모래나 펄갯벌)의 경우에는 포식과 피식과 같은 생물 간의 상호관계가 특정 동물끼리 연결되어 있지 않아 먹이망이 상대적으로 느슨하다. 따라서 생물학적 작용보다는 밀물과 썰물로 인한 여러 가지 환경요인이 저서동물의 분포를 결정하는 일차적인 요인이 된다.

갯벌 저서동물의 분포에 영향을 주는 물리-화학적 환경요인으로는 대기에 노출되는 시간, 갯벌 흙의 알갱이 크기, 염분, 온도, 유기물의 함량, 그리고 퇴적물의 수분 함량 등이 있다. 그중에서 갯벌 저서동물의 분포에 가장 큰 영향을 주는 환경은 노출시간과 퇴적물의 입자크기이다.

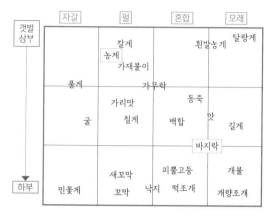

그림 2-28 노출시간과 퇴적물 입자크기에 따른 갯벌 저서동물의 분포 모식도: 바지락과 농게를 예로 들면, 바지락은 펄과 모래가 적당히 섞인 갯벌의 중하부 지역에 그리고 농게는 펄 성분이 많은 갯벌 상부에 산다는 뜻이다.

▶수평 분포

바닷물이 빠지고 난 후 갯벌을 걸을 때 우리 눈에 보이는 대부분의 생물은 저서동물이다. 밀물 때 갯벌에 물이 차면 물고기를 비롯한 유영생물과 물속을 떠다니는 플랑크톤(부유생물)도 일시적으로 물을 따라 들어오지만 썰물이 되면 바닷물과 함께 빠져나간다. 그래서 갯벌의 진정한 주민은 저서동물이라 할 수 있다.

그중 우리가 흔히 접할 수 있는 저서동물은 아마도 게류일 것이다. 푹푹 빠지는 펄이 많은 곳에서는 칠게, 모래가 많은 곳에는 엽낭게와 길게, 그리고 펄과 모래가 혼합된 곳에

그림 2-29 모래갯벌에 주로 서식하는 ①길게, ②엽낭게, ③개불, ④달랑게

서는 펄털콩게와 같은 콩게류가 주로 산다. 또 다른 갯벌 저
서동물인 갯지렁이나 조개 등도 퇴적물의 종류에 따라 서식
하는 곳이 다르다.

　일반적으로 갯지렁이 종류는 퇴적물 속의 유기물을 먹
고, 조개 종류는 물이 들어왔을 때 물속에 있는 유기물을
먹는다. 퇴적물은 크기가 다른 알갱이로 이루어졌으며, 유기
물은 퇴적물 알갱이의 표면이나 그 사이에 붙어 있다. 따라
서 같은 양의 퇴적물이라면 크기가 작은 알갱이가 많을수록
유기물의 양이 상대적으로 많고, 알갱이가 클수록 유기물의
양이 적다. 따라서 갯지렁이처럼 퇴적물을 먹이로 하는 동물

그림 2-30 펄갯벌에 주로 서식하는 ①칠게, ②가무락, ③가시닻해삼, ④농게

은 같은 양의 퇴적물을 먹더라도 많은 양의 유기물을 포함한 크기가 작은 알갱이로 이루어진 펄 퇴적물을 먹는 것이 에너지를 만드는 면에서 유리하다.

그러나 작은 알갱이로 이루어진 펄 퇴적물은 알갱이 각각의 무게가 가벼워서 밀물이나 썰물 때 물속으로 떠밀려 나가기 쉽다. 모래밭에 파도가 칠 때 자세히 보면 작은 모래 알갱이들이 물속에 떠다니는 현상을 쉽게 확인할 수 있다. 또 갯벌에 바닷물이 들어올 때 각각의 알갱이가 떠다니는 흙탕물이 보이는데, 이는 상대적으로 크고 무거운 모래 알갱이와 상대적으로 작은 펄 알갱이의 차이 때문이다. 이처럼 갯벌

위의 바닷물이 탁해 보이고 해수욕장과 같이 모래 알갱이가 많은 곳의 물이 맑게 보이는 것은 바로 알갱이의 크기 차이 때문이다.

갯벌 위로 바닷물이 차 있는 동안 먹이활동을 하는 조개류는 몸은 퇴적물 속에 박고 사이펀(siphon)이라고 하는 몸의 일부를 퇴적물 밖으로 내밀어 물속의 유기물을 걸러 먹는다. 사이펀은 물이 들어오는 입수공과 빠져나가는 출수공으로 이루어져 있다. 체로 뭔가를 걸러낼 때 우리는 건더기와 국물이 섞인 맛국물을 체 위에 붓지만, 조개류는 유기물이 섞인 바닷물에 체라고 할 수 있는 사이펀을 내미는 것이다.

입수공으로 바닷물을 빨아들여 그 속의 유기물을 아가미로 걸러 먹고 나면, 체에 건더기만 남고 빠져나가는 국물처럼 나머지 바닷물을 조개는 출수공으로 내뱉는다. 요리할 때 체의 구멍보다 작은 건더기가 지나치게 많으면 체가 막혀 제대로 국물이 빠져나가지 못해 때로는 체 바깥으로 흘러나가기도 한다. 조개의 아가미도 마찬가지로, 아가미의 그물망을 막는 작은 알갱이가 많으면 아가미가 막히기도 한다. 아주 고운 흙 알갱이들이 이런 현상을 많이 일으키기 때문에 조개류는 흙탕물이 일어나는 곳에서는 잘 살지 않는다.

이렇듯 갯벌의 생물은 먹이를 먹는 습성에 따라 선호하

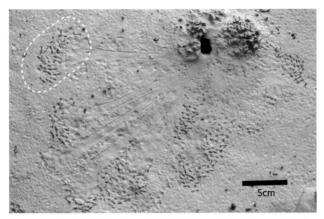

그림 2-31 대표적인 퇴적물식자인 흰이빨참갯지렁이는 머리를 집 밖으로 내밀어 퇴적물 속의 먹이를 흙과 함께 삼킨다. 흰색 원 안의 흔적은 흰이빨참갯지렁이가 퇴적물을 갉아 먹은 이빨 자국이다.

는 환경(퇴적물 입자크기)이 각기 다르다. 즉, 퇴적물의 입자크기에 따라 살아가는 저서생물의 종류가 달라지는 것이다. 퇴적물에서 먹이를 얻는 갯지렁이류와 게류는 펄이 많은 갯벌을 선호하며, 바닷물 속의 먹이를 걸러 먹는 조개류는 펄 성분이 적은 갯벌을 선호한다. 물론 모든 종이 이러한 규칙에 따라 분포하는 것은 아니다. 나중에 설명하겠지만, 이외에도 저서동물의 분포에 영향을 미치는 환경요인이 더 많다. 노출시간, 염분, 유기물 함량 등 다양한 요인들이 복합적으로 작용하여 생물의 분포를 결정한다.

우리나라에서 펄 성분이 많은 갯벌에 서식하는 대표적

그림 2-32 퇴적물식자인 갯지렁이와 게가 퇴적물과 함께 먹이를 섭취하고 집 주위에 배설한 흔적이다. 두토막눈썹참갯지렁이 배설물(A), 버들갯지렁이류 배설물(B), 칠게 배설물(C)

인 종은 칠게, 농게, 세스랑게, 방게, 흰이빨참갯지렁이, 두토막눈썹참갯지렁이, 가재붙이 등이다. 대부분 퇴적물식자이지만 가재붙이와 같이 서식굴 내부에서 여과물을 먹는 경우도 있다. 모래 성분이 많은 지역에 서식하는 저서동물로는 개량조개, 동죽 등의 조개류와 길게, 엽낭게와 같은 게류, 그리고 개불과 쏙 등이 대표적이다.

▶수직 분포

우리나라 서해안은 썰물이 되면 바닷물이 빠지고 모래나 펄로 된 퇴적물이 드러난다. 바닷물의 움직임으로 흙이

부드러운 해안가의 서식지가 대기에 노출되는 곳을 연성(軟性) 조간대라고 하며, 바닷가의 넓은 벌판이라는 의미로 흔히 갯벌이라고 한다. 이와 달리 동해안이나 남해안에서 볼 수 있는, 바위나 자갈로 이루어진 해안을 경성(硬性) 조간대라고 한다. 이처럼 바닷물이 드나드는 해안가의 바닥이 무엇으로 구성되어 있느냐에 따라 조간대를 구분하는 것이다.

바위로 이루어진 해안가를 자세히 관찰해보면 서로 다른 생물의 분포대가 어떤 가상의 선을 경계로 뚜렷하게 구분되어 있음을 알 수 있다. 이 경계는 일반적으로 해안선과 나란하게 형성되어 있으며, 조금 떨어져서 보면 〈그림 2-33〉에서 보는 것처럼 생물의 분포가 마치 색이 다른 띠 모양으로 보인다. 그래서 이런 생물의 분포를 띠 모양의 분포, 대상분포(帶狀分布, zonation)라고 하며, 띠 모양은 바위 해안에 두 개나 서너 개 이상 관찰되기도 한다.

이런 대상분포는 왜 만들어질까? 그 이유는 크게 두 가지로 설명할 수 있다. 하나는 밀물과 썰물이 만들어낸 여러 가지 환경요인이며, 다른 하나는 생물학적 작용 때문이다.

우선 환경요인에 대해 살펴보자. 바닷물이 들고 나가기를 반복하는 조간대는 육상과 바다 환경이 번갈아 나타나는 환경적 특징을 갖고 있다. 조간대의 생물은 썰물 때 가끔

그림 2-33 암반 조간대에서 보이는 생물의 대상분포. 특정한 높이를 기준으로 서식하는 생물의 종류가 달라진다.

찾아오는 새나 육상동물 일부를 제외하면 대부분 해양생물이다. 해양생물이 생존하려면 반드시 바닷물이 필요하다. 따라서 이들에게 조간대는 열악한 환경일 수밖에 없다.

바위 암반에 서식하는 조간대 생물은 썰물 때 생존을 위해 필사적인 사투를 벌여야 한다. 또한 뜨거운 태양에 몸속 수분이 증발되는 것도 막아야 한다. 극악한 환경 조건을 견디기 위해 조간대 생물은 다양한 방법으로 적응 전략을 펼친다. 게류와 같이 움직일 수 있는 저서동물은 바닷물이 고여 있는 바위 밑 그늘로 숨어들어 몸을 꼭꼭 숨긴다. 그러나 바위에 붙어사는 홍합이나 따개비와 같은 고착성 생물은 몸을 피할 수 없어 그 상태로 바닷물이 들어올 때까지 견뎌야만 한다. 이때 바닷물 없이 견딜 수 있는 정도는 생물마다 다르며, 견딜 수 있는 능력이 클수록 바닷물과 멀리 떨어진 육지 쪽으로 서식지를 확장할 수 있다.

암반 조간대는 생물이 부착할 수 있는 바위 표면의 경사가 급하며, 때론 수직일 경우도 있다. 바위 하단부는 상단부에 비해 바닷물에 접하는 시간이 상대적으로 길다. 노출에 잘 견디는 종은 상단부까지, 그리고 노출을 견디는 능력이 부족한 종은 하단부에 서식지를 만들 수밖에 없는 이유이다. 즉, 대기에 노출되었을 때 견딜 수 있는 능력 정도에 따라 생물이 분포할 수 있는 높이의 한계가 결정되는 것이다. 이를 조간대 생물의 분포 상한선이라고 한다.

띠 모양의 대상분포가 형성되려면 상부 한계선과 더불어 하부 한계선이 존재해야 할 것이다. 하부 한계선은 생물학적 작용에 따라 결정된다. 조간대 생물은 썰물 동안 대기에 노출되는 것을 견딜 뿐만 아니라, 밀물 때 함께 밀려 들어온 포식자(물고기, 성게, 불가사리 등과 같은)의 위험도 감수해야 한다.

먹이사슬에서는 특정 생물 간에 포식(predation)과 피식(prey)의 관계에 놓여 있기 마련이다. 예로, 불가사리와 홍합의 먹이사슬 관계를 살펴보자. 홍합은 대기 노출에 견디는 능력이 부족해 암반 조간대의 가장 아래쪽에 서식지를 형성한다. 짧은 노출시간에만 견딜 수 있기 때문이다. 불가사리는 노출에 견디는 능력이 거의 없으므로 조간대에서는 살기 힘들다.

홍합의 입장에서 살기 좋은 곳은 바닷물에 항상 잠겨 있는 물속이다. 하지만 쉽사리 서식지를 확장하기는 힘들다. 왜 그럴까? 해답은 홍합을 먹이로 하는 불가사리의 존재와 관련이 있다. 불가사리는 물속에 잠겨 있는 홍합을 잡아먹는다. 홍합은 이를 피해 불가사리가 접근할 수 없는 아주 짧은 시간만 대기에 노출되는 조간대의 맨 아래쪽에 서식지를 형성했다. 즉, 홍합은 훨씬 좋은 환경이 있지만 포식자인 불가사리 때문에 서식지 하부 한계선이 결정된 것이다.

이처럼 암반 조간대의 생물은 대기 노출에 견디는 능력에 따라 생물 서식지의 상부 한계선이, 그리고 포식-피식과 같은 생물학적 작용에 의해 서식지의 하부 한계선이 결정된다. 그래서 해안선과 나란하게 띠 모양의 생물 대상분포가

그림 2-34 불가사리-홍합의 포식-피식 관계에 따른 암반 조간대 생물 분포의 하부 한계선: 홍합은 물이 자주 들어오는 바위 아랫부분까지 서식지를 확장하고 싶지만 그곳에 불가사리가 살고 있어 서식지를 확장하지 못한다.(출처: https://media.hhmi.org)

암반 조간대에 형성되는 것이다.

이러한 대상분포는 앞에서 언급한 연성 조간대(갯벌)에도 동일하게 존재한다. 갯벌이라는 곳은 암반 조간대의 경우와는 달리 생물이 서식굴(burrow, 이 부분은 뒷부분에서 자세히 다루기로 한다)에 들어가 살며, 무엇보다도 갯벌 면적이 광활하여 우리 눈으로 다 담을 수 없어 그런 현상이 없는 것처럼 보일 뿐이다.

앞에서 살펴본 예처럼 암반 조간대에서는 서식지의 환경 요인뿐만 아니라 생물 상호 간의 관계에 따라 저서동물의 분

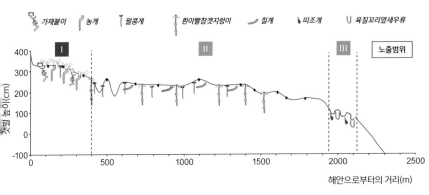

그림 2-35 갯벌 대형 저서동물의 대상분포: 노출범위라고 표시한 I, II, III 지역별로 서식하는 생물이 다름을 알 수 있다.

포가 결정된다. 갯벌과 같은 연성 조간대의 경우에는 생물 분포의 한계선이 암반 조간대와는 사뭇 다르다.

대기 노출에 견디는 능력(시간)과 같은 환경요인에 따라 상부 한계선이 결정되는 현상은 유사하다. 그러나 갯벌에서는 포식과 피식과 같은 생물 간의 상호관계가 먹이사슬에서 특정 동물과 연결되어 있지 않아 먹이망이 상대적으로 느슨하기에 생물학적 작용보다는 밀물과 썰물로 형성된 여러 가지 환경요인이 저서동물의 분포를 결정하는 일차적인 요인이다. 그렇다면 포식과 피식 같은 생물학적 관계가 암반 조간대와 달리 느슨한 이유는 무엇일까?

그 원인 중 가장 두드러진 점은 바로 서식굴의 존재이다.

서식굴이란 저서동물이 갯벌 퇴적물 표면에서 내부로 파놓은 굴(집)을 가리킨다. 수직 방향의 서식굴은 구조적으로 종마다 형태가 다르지만 기능적인 역할은 유사하다. 바로 '피난처' 역할이다.

서식굴에는 썰물 때 갯벌이 대기에 노출되더라도 바닷물

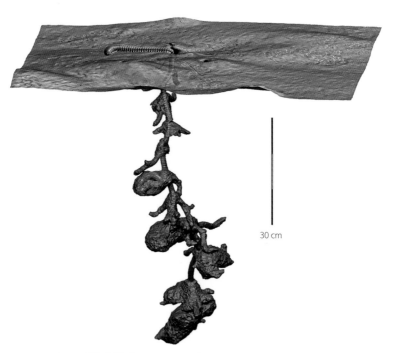

30 cm

그림 2-36 대형 저서동물(흰이빨참갯지렁이)이 만든 서식굴 모형도: 갯벌 표면에서 볼 때는 작은 구멍이 하나 있는 것으로 보이지만 구멍 아래로 연결된 거대한 생물의 집이 있다.

이 고인다. 따라서 이곳 저서동물들은 오랫동안 태양에 노출되더라도 몸을 식힐 수 있다. 또한 밀물 때 바닷물을 따라 들어온 포식자들로부터도 몸을 피신할 수 있는 공간으로 서식굴을 이용한다. 그래서 포식과 피식 관계가 여느 해양 환경에 비해 느슨하다.

갯벌 저서동물 분포 추정도

▶전통적인 갯벌 저서동물 조사

바닷물이 빠졌을 때 갯벌을 걸으며 어떤 저서동물이 얼마나 사는지를 특별한 도구로 채집하며 조사했다. 물론 저서동물의 조사 목적이 무엇인지에 따라 그 방법은 조금씩 달라질 수 있지만, 그 지역의 대표적인 생물상이 무엇인지, 또는 생물상이 변화되었는지, 그렇다면 왜 그런 변화가 일어났는지 등의 목적으로 갯벌의 생물상을 조사하는 경우가 대부분이다. 이러한 목적으로 갯벌의 저서동물을 조사하려면 다음과 같은 몇 가지 고려해야 할 사항이 있다.

1. 조사 지역의 지형을 파악하고 조고(갯벌의 높이)와 퇴적물 입자크기를 고려하여 조사할 위치(정점)를 설정한다.
2. 자료의 신뢰성 확보를 위해 통계 처리를 하려면 각 정점에서 반복 채집을 한다(일반적으로 3~5회).
3. 생물 분포의 시간에 따른 변화를 고려하여 월별 또는 계절별로 조사한다.
4. 채집 방법의 일관성을 유지한다. 그래야만 각기 다른 장소나 시기의 조사 자료와 비교를 할 수 있기 때문이다.

5. 위 방법들을 지키되 인력과 경제성을 고려하여 조사의
   횟수와 양을 결정한다.

이 밖에도 갯벌을 조사할 때 주의해야 할 사항이 많다. 바로 안전사고 대비를 철저히 해야 한다는 것이다. 바닷물이 하루에 두 번씩 드나들기 때문에 물때를 잘 모르고 들어간다면 위험에 놓일 수 있다. 그러므로 국립해양조사원에서 제공하는 지역별 조석표를 반드시 알아보고 출입해야 한다.

또한 우리나라 갯벌의 대부분은 푹푹 빠지는 펄갯벌이라 걷는 것만으로도 힘들 수 있다. 일반적으로 서해안 갯벌의 경우 바닷물이 밀려오는 속도는 아장아장 걷는 아기의 이동속도와 비슷하다고 한다. 그러나 갯벌에는 움푹 파인 바닷물 길인 수로가 강처럼 바다로 연결되어 있다. 이곳은 주변의 갯벌보다 빨리 밀물이 차오르기 때문에 항상 주시해야 하고 예정했던 시간보다 빠르게 갯벌에서 나와야만 한다.

이러한 갯벌의 특성 때문에 저서동물 조사는 신속하게 이루어진다. 한 곳의 갯벌을 조사할 수 있는 시간이 평균적으로 서너 시간으로 제한되기 때문이다. 갯벌 저서동물의 조사에서는 일반적으로는 방형구와 상자형 시료 채집기를 사용하여 그 양과 종류를 파악한다.

방형구는 일반적으로 가로×세로 1미터 또는 0.5미터 크기의 정사각형의 틀이다. 방형구를 갯벌 표면에 내려놓고 그 틀 안의 갯벌 표면에 있는 생물을 대상으로 그 종류와 양을 측정하는 것이다. 즉, 갯벌 표면의 일정 면적 안에 얼마만큼의 생물이 사는지를 파악하는 방법이다. 갯벌 흙을 파내야 하는 번거로움이 없어 간단한 생물 조사를 할 때 많이 이용한다. 그러나 흙 속에 살거나 눈에 잘 보이지 않는 작은 생물의 조사에는 적합하지 않다.

상자형 시료 채집기는 아랫면이 트인 육면체의 상자 형태이다. 일반적으로는 스테인리스로 제작되며 윗면에 손잡이가 달려 있다. 트인 아랫면을 갯벌 표면에서 흙 속으로 찔러 넣은 뒤 삽 등으로 상자를 파내어 그 속에 든 흙과 생물을 통째로 채집한다. 이후 그 내용물을 체에 올리고 물을 이용하여 흙을 걸러내어 생물만을 선별한다.

체 구멍의 크기는 채집하려는 생물이 중형 저서동물인지 대형 저서동물인지에 따라 결정된다. 크기 1밀리미터를 기준으로 대형과 중형 저서동물이 구분되기 때문이다. 우리가 다루는 갯벌 저서동물은 대형 저서동물이므로 이때는 1밀리미터 구멍 크기의 체를 이용하여 채집한다.

그림 2-37 전통적인 갯벌 저서동물 채집 도구(왼쪽부터 상자형 시료 채집기, 삽 그리고 체)

채집한 생물은 희석된 포르말린 고정액에 담가 실험실로 운반한 뒤 현미경으로 종을 확인하고 무게를 측정한다. 이렇게 분석한 자료는 특정 지역의 생물상을 파악하는 자료로 활용된다.

강화도 동막리 갯벌에서 채집했다면 그 자료로 동막리에 사는 저서동물의 종류와 양을 파악할 수 있다. 이 과정에는 환산이라는 과정이 필연적으로 따른다. 동막리 갯벌 열 군데 지점에서 위와 같은 방법으로 조사하여 분석했다면, 열 지점의 채집 면적(1제곱미터)과 동막리 갯벌 전체 면적(예를 들어 3백만 제곱미터)을 비교, 환산하여 자료를 만든다.

한 지섬에서 100개체의 저서동물을 분석했다고 하자. 실제 채집 면적과 비교해 동막리 갯벌은 3백만 배 넓으므로 동막리 갯벌에는 3억 개체의 저서동물이 사는 것으로 계산된다. 이런 방법이 실제 자연에 사는 생물의 양 파악에 적합한 방법일까? 아쉽지만 지금까지는 이런 방법이 통용되고 있다. 이 방법으로 조사한 자료에 따라 우리나라 갯벌이 유네스코 세계유산으로 등재되었으며, 국가의 환경정책도 수립하는 실정이다. 우리가 풀어야 할 과학의 한계이다.

▶ 갯벌 원격탐사를 이용한 생물 분포 추정도 연구

좀 더 정밀한 갯벌 생물의 종류와 양을 파악하기 위해 과학자들은 여러 가지 방법을 시도하면서 기술을 발전시키고 있다. 그중 최근 들어 활발하게 연구하는 기술은 갯벌 생물 분포와 환경요인 분포 간의 상관성을 살펴 생물의 분포를 공간적으로 추정하는 것이다.

이 기술은 대표 위치(point)에서 직접 생물을 채집하여 일정 면적 안의 생물 종류와 양을 파악한 뒤, 면적을 환산하여 분포도를 작성하던 기존의 기술을 탈피하고자 했다. 다시 말해, 점 자료(point data)를 환산하여 면 자료(spatial data)

로 만드는 기존 방법에서 벗어나려는 시도가 시작되었다. 이 방법에는 원격탐사 기술이 접목된다. 인공위성이나 드론을 이용하여 생물의 분포에 영향을 미치는 환경요인의 값을 공간적으로 정량화하여, 이로부터 생물의 양을 추정하고자 한 것이다. 환경요인의 값은 면 자료를 이끌어내는 데 중요한 역할을 한다.

여기에 이 기술의 강점이 있다. 즉, 대상으로 하는 저서동물이 환경과의 상호관계에 따라 대응하는 분포를 한다고 가정하면, 이로부터 저서동물 분포도 면 자료를 만들 수 있다. 이 기술의 의미는 갯벌과 같은 공간에 저서동물의 종류와 그 양을 한눈에 알아볼 수 있는 분포도를 작성할 수 있다는 점이다. 점 자료의 공간적 한계를 극복할 수 있는 좋은 기술인 셈이다. 이런 개괄적인 설명만으로는 이해가 쉽게 되지 않을 것이다. 그래서 실제 우리나라 갯벌 몇 군데에서 이 기술을 적용하여 갯벌의 저서동물 분포를 추정한 결과를 소개하기로 한다.

이 기술을 적용하려면 다음의 몇 가지 과정이 필요하다.

1. 저서동물과 환경요인 간 상관관계 도출
2. 환경요인별 저서동물 분포 기여도 산출

3. 환경요인별 저서동물 출현 확률 분석

4. 서서농물 분포 추정도 작성과 정확도 산출

먼저, 저서동물의 분포에 영향을 미치는 환경요인을 찾아야 한다. 그리고 두 요인 사이의 상관성 정도가 어떤 정도인지를 분석한다. 이 과정에는 수많은 저서동물 자료와 환경요인 자료가 사용된다. 분포도 작성에 앞서 서해안 8개 지역의 갯벌 386곳 지점에서 조사한 저서동물과 환경요인 자료를 분석에 이용했다. 이때 환경요인으로 이용된 항목은 각

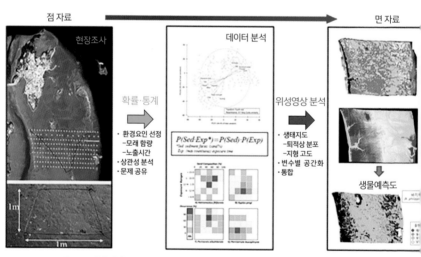

그림 2-38 갯벌 저서동물 분포 추정도 제작 개념도

지점의 수온, 염분, 갯벌이 대기에 노출되는 시간, 유기물 함량, 잔존수, 수로와의 거리, 퇴적물 입자크기, 모래 함량, 펄 함량 등이다. 이 가운데 저서동물 분포와 가장 높은 상관성을 보인 환경요인은 퇴적물 입자크기와 노출시간이었다.

'저서동물 분포'에서 설명한 것처럼 갯벌 저서동물의 분포는 두 요인에 영향을 받았으며, 그 기여도는 각각 85퍼센트와 83퍼센트였다. 특정 지점에서 출현한 저서동물과 그곳의 환경요인의 상관성을 분석했더니 생물의 출현 빈도와 양이 퇴적물의 입자크기와 노출시간에 따라 결정되었으며, 그 기여 정도는 각각 85퍼센트와 83퍼센트였다는 뜻이다. 다만, 기여도 분석은 매우 복잡한 과정이므로 이 책에서는 구체적인 내용은 다루지 않았다.

다음 과정으로는 저서동물 종별로 두 요인에 대한 출현 확률을 구하는 것이다. 우리나라 갯벌의 우점종인 칠게, 길게, 바지락, 동죽, 쏙, 엽낭게, 흰이빨참갯지렁이 등 15종을 대상으로 두 환경요인에 대한 출현 확률을 분석했다. 확률은 매우 높음(90% 이상), 높음(90~60%), 보통(60~30%), 낮음(30% 이하)의 단계로 설정했다. 즉, 어떤 종이 어떤 지점에서 출현할 확률이 높은지 또는 낮은지를 보여주는 것이다. 〈그림 2-39〉는 태안군 황도 갯벌에서 바지락의 분포 예측도를 보여준다. 그림 속 파란색 화살표가 가리킨 곳에 바지락이 출현할 확률은 보통(60~30%)임을 보여준다. 그리고 붉은색으로 표현한 곳은 바지락이 출현할 확률이 90퍼센트 이상임을 의미한다. 요즘 기상청에서 날씨를 예보할 때 비 올 확률을 퍼센트로 표현하는데, 이와 비슷하게 바지락을 볼 수 있는 확률을 보여주는 것이다. 이렇게 추정도를 만들었다면 마지막으로는 이 예측이 얼마나 정확한지를 알려주어야 한다. 현재 이 기술을 적용한 사례의 경우, 예측 정확도는 40~70퍼센트 정도이다. 즉, 그림에서 붉은색으로 보이는 갯벌에 가면 열에 아홉 번은 바지락을 볼 수 있는데, 40~70퍼센트 정도 믿을 만하다고 생각하면 된다.

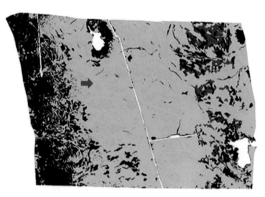

바지락
(R. philippinarum)

출현 확률
● 매우 높음
◑ 높음
◔ 보통
○ 낮음

그림 2-39 대안군 황도 갯벌의 바지락 분포 예측도(검은색은 출현 확률 '0'을 의미)

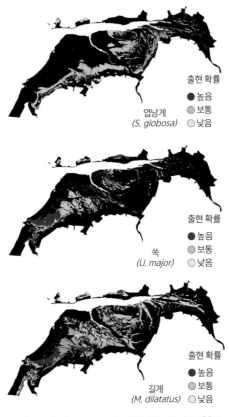

출현 확률
● 높음
◐ 보통
○ 낮음

엽낭게
(S. globosa)

출현 확률
● 높음
◐ 보통
○ 낮음

쏙
(U. major)

출현 확률
● 높음
◐ 보통
○ 낮음

길게
(M. dilatatus)

그림 2-40 전북 고창군 곰소만 갯벌의 저서동물 분포 예측도

이 방법은 일부 점 자료를 환산하여 전체 면 자료를 생산하던 방법, 즉 점 자료로 나타난 저서동물의 수를 헤아린 다음 이 숫자에 구하려는 전체 면적을 곱하는 식의 기존 연

구보다 상당히 발전된 기술이다. 그러나 아직 예측 정확도가 비교적 낮으며, 중요한 것은 실제 자연 상태의 값과는 차이를 보인다. 특히 이 추정도 기술은 생물을 대상으로 한다. 이리저리 움직이며 살아 있는 생물이 있고 없고를 정확히 파악하기란 쉽지 않다. 예를 들어, 우리는 월요일 오전 10시에 어떤 학생이 학교에 있을 확률은 99퍼센트라고 추정할 수 있다. 하지만 100퍼센트 맞다고 주장할 수는 없다. 학생에게 예기치 못한 일이 벌어져 등교하지 않았을 수도 있기 때문이다. 이와 마찬가지로 생물의 분포는 환경과 일정 부분 상관성이 있지만, 특정한 사물처럼 어떤 규칙에 따라 존재하는 것이 아니기에 인간이 이를 정확히 파악하기란 거의 불가능한 일이다.

이러한 추정도 기술의 한계를 극복하기 위해 필자는 새로운 방법을 구상했고, 현재 그 방법은 연구개발 중에 있다. 살아 있는 생물을 우리 눈에 보이는 그대로 파악하여 그 종류와 양을 한눈에 보이게 분포도를 만드는 방법, 이 방법에 대해 고민하고 더 정확한 추정도를 만드는 것이다. 이 책의 「인공지능과 드론을 이용한 생물 분포도 적용 사례」를 보면 어떤 방법으로 추정도가 가능한지를 알 수 있을 것이다.

03

인공지능과
드론을 이용한
갯벌 연구

생물이나 물질의 공간적인 분포를 현실과 가깝게 표현하는 기술은 자연계를 이해하고 이로부터 자연을 효율적으로 관리하기 위해서라도 과학자들이 풀어야 할 숙제 중 하나이다. 물론 눈에 명확하게 보이는 사물이라면 굳이 이런 기술이 필요하지 않을 것이다. 그리고 보이지 않을 정도로 작더라도 공간에 균일하게 분포하는 물질이나 생물이라면 양을 헤아려 숫자로 표현하는 것이 간단하다.

가로와 세로로 각각 19줄, 19칸으로 나눈 상자 속에 바둑알이 한 칸에 하나씩 들어가 있다면, 이 상자 전체에 바둑알이 361개 들어 있다는 것을 쉽게 알 수 있는 것처럼, 공간의 부피를 알고 물질이나 생물의 밀도를 안다면 단순하게 구할 수 있기 때문이다. 그러나 균일하게 분포하지 않는 것이 공간에 얼마나 어떻게 분포되어 있는지를 알아내려면 복잡한 모델식이 필요하다. 그러나 모델은 단지 추정 기술일 뿐,

실제와는 다를 수 있다.

모델의 예측치가 실제와 어긋나는 대표적인 예로 태풍의 진로 예측을 들 수 있다. 우리는 태풍 예보가 틀리는 경우를 많이 보았다. 이는 균일하지 않은 물질들이 계속 바뀌는 공간 속에서 계속 움직이기 때문에 모델식으로 예측하기가 어렵기 때문이다. 과학자들은 모델식으로 계산해낸 모델값과 실제값의 차이를 최소화하기 위해 지금도 노력 중이다.

갯벌에 사는 생물의 분포를 알아내는 일도 태풍의 움직임을 예측하는 일과 비슷하다. 갯벌에는 종류도 다양한, 무수히 많은 생물이 살고 있다. 이곳에 사는 생물들은 대부분 흙 속에 살기 때문에 특정 크기의 공간에 몇 종류의 생물이 각기 얼마나 많이 살고 있는지를 파악하기란 어려운 일이다. 특히 한 걸음 내디딜 때마다 푹푹 빠지는 넓은 갯벌 속에 사는 생물 전체의 양을 파악하기란 더더욱 힘든 일이다.

그럼 과학자들은 어떻게 이것을 파악할까? 먼저, 전통적인 방법이 있다. 과학자들은 갯벌을 대표하는 위치 몇 곳을 선정하여 그곳에서 일정량의 생물을 채집하여 그 종류와 양을 파악한다. 그리고 이를 전체 갯벌 면적에 환산하여 어떤 생물이 어느 정도 있는지 갯벌의 생물량을 파악했다.

이 방법은 현재도 갯벌을 포함한 해양 환경 조사에서 생물량이나 물질량 파악에 통용되고 있다. 그러나 이 방법은 갯벌 생물량을 파악하기 위한 최소한의 도구일 뿐, 실제 자연 상태에 있는 생물의 종류와 수를 알아내는 것은 어려울 수밖에 없다.

갯벌 저서동물 종, 개체수, 생물량 파악을 위한 새로운 접근

'제4차 산업혁명'이라는 용어는 2016년 세계경제포럼 (WEF: World Economic Forum)에서 처음 언급되었으며, 정보통신기술(ICT)을 기반으로 한 새로운 산업 시대를 대표하는 용어가 되었다. 컴퓨터, 인터넷으로 대표되는 제3차 산업혁명(정보 혁명)에서 한 단계 더 진화한 혁명이라 일컫는다. 이 기술은 인공지능(AI), 사물 인터넷(IoT), 클라우드 컴퓨팅, 빅데이터, 모바일 등 지능정보 기술이 기존 산업과 서비스에 융합되거나 드론, 3D 프린팅, 로봇공학, 생명공학, 나노기술 등 여러 분야의 신기술과 결합되어 현실 세계의 모든 제품과 서비스를 네트워크로 연결하고 사물을 지능화한다. 인공

그림 3-1 제4차 산업혁명 기술 모식도(미래창조과학부 블로그에서 인용)

지능과 드론은 제4차 산업혁명 기술의 중심에 놓여 있다.

이 기술이 갯벌 연구에도 적용되기 시작했다. 아직 기술을 개발하는 단계이지만, 한국해양과학기술원 연구진들이 2021년부터 세계 최초로 기술을 개발하고 있다. 4차 산업혁명 기술 중 인공지능과 드론 기술을 이용하여 '갯벌에 저서동물이 몇 마리나 살고 또 그 양(무게)은 얼마나 되는지'를 알아낼 수 있는 기술이다. 앞에서 설명했던 전통적인 방법으로는 갯벌에 있는 저서동물의 양을 추정 또는 예측하는 데 그쳤다.

하지만 현재 새롭게 개발하고 있는 기술을 활용하면 갯벌에 서식하는 저서동물의 양과 개체수를 추정하지 않고 정확하게 그 수를 헤아릴 수 있다는 점에서 혁신적인 기술이다. 또한 앞으로는 갯벌에 들어가 채집하지 않아도 저서동물이 사는 위치와 개체수 그리고 양을 알 수 있다는 점에서 뛰어난 기술이라 할 수 있다.

저서동물은 갯벌 흙 속에 집, 서식굴을 만든다. 서식굴은 저서동물이 갯벌에서 살아가는 원천이다. 저서동물은 서식굴과 갯벌 위를 오가며 먹이를 섭취하고 생존에 필요한 다양한 행동을 한다. 이러한 활동은 필연적으로 갯벌 표면에 흔적을 남긴다. 서식굴의 열린 입구, 걷거나 기어다닌 자국, 흙을 먹고 만든 여러 가지 모양의 배설물 등이 그러한 흔적이라 할 수 있다. 그리고 그 흔적은 저서동물 종류마다 다르다. 예를 들면 우리가 갯벌에서 흔히 보는 칠게와 길게는 표면 흔적만 보아도 무엇이 지나갔는지 알 수 있을 만큼 다르다. 그리고 두토막눈썹참갯지렁이와 흰이빨참갯지렁이가 만든 흔적 또한 다르다. 갯벌 생물의 종류와 양을 정확히 알아낼 수 있는 기술은 바로 이러한 생물별 흔적의 차이에 착안하여 개발하게 되었다.

우리는 저서동물의 흔적을 생물별로 빅데이터화하고 또한 그 차이를 구별하는 기준을 설정했다. 생물별로 서식굴 입구 모양과 활동 흔적을 표준화했는데, 표준화는 생물의 고유한 흔적 특성을 3D 스캐닝 과정을 거쳐 모형화하고, 이로부터 그 종의 흔적을 다른 종과 비교해 구별하는 과정이라 할 수 있다. 서식굴 입구와 활동 흔적의 크기와 모양을 서로 다른 종 사이의 수치 비교를 통해 종별로 고유한 모형을 만드는 것이다. 생물별로 그 생김새가 다르듯이 그들의 활동 흔적 또한 서로 다르다.

여러분이 갯벌에 들어가 이렇게 구별되는 흔적을 사진으로 찍는다고 생각해보자. 사진에는 다양한 형태의 생물 흔적이 나타날 것이고, 그 흔적의 차이를 구별하여 몇 가지의

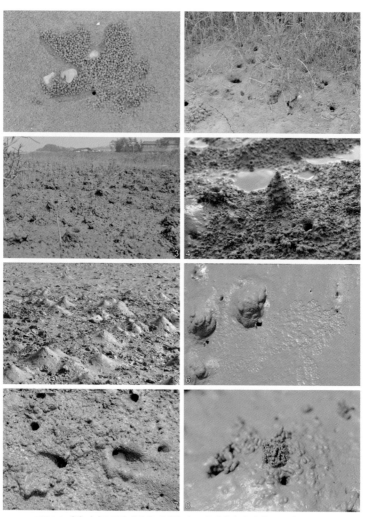

그림 3-2 갯벌 저서동물의 다양한 서식굴 입구: ①엽낭게, ②갈게, ③농게, ④세스랑게, ⑤가재붙이, ⑥흰이빨참갯지렁이, ⑦방게, ⑧두토막눈썹참갯지렁이가 먹이섭취, 배설 등의 활동으로 갯벌 표면에 만든 다양한 흔적이다. 생물 활동의 흔석은 종마나 각각 다르다.

흔적이 얼마나 있는지 파악될 것이다. 각기 다른 흔적의 종류가 바로 생물종의 수를 의미하고, 각 흔적의 개수는 그 종이 몇 마리 있는지를 의미한다.

우리가 개발하고 있는 기술이 바로 이렇게 사진 속 이미지로 갯벌에 사는 생물의 종류와 개체수를 파악하는 것이다. 하지만 예에서 든 것처럼 갯벌에 들어가 직접 찍은 사진으로 갯벌 전체에 있는 저서동물의 분포를 아는 것은 거의 불가능하다. 왜냐하면 모든 갯벌을 사진에 담으려면 너무 많은 시간과 노력이 들기 때문이다. 헬리콥터를 타고 항공사진을 찍으면 된다고 생각할 수 있지만, 일단 헬리콥터 사용비가 비쌀뿐더러 저서동물의 흔적이 잘 보이게 사진을 찍는 일도 쉬운 일이 아니다.

그런데 드론 기술이 발달하면서 이러한 수고로움을 덜 수 있게 되었다. 드론에 센서를 장착하여 갯벌 상공에 띄우면 몇 시간 안에 넓은 갯벌을 다 찍을 수 있을 뿐 아니라, 찍어야 할 흔적이 무엇인지 잘 아는 과학자들이 위치를 조정할 수도 있다.

이렇게 찍은 사진 속 이미지에서 어떤 흔적이 무슨 종인지를 판별해야 한다. 그런데 이러한 작업을 사람이 직접 확인해야 한다면 생각만 해도 어지러울 것이다. 흔적의 종류가

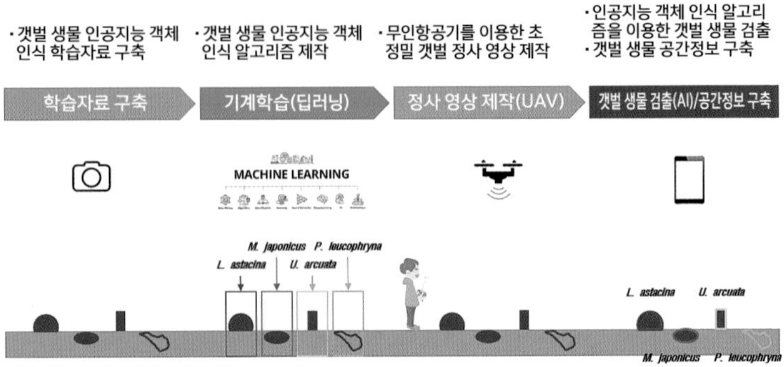

그림 3-3 드론과 인공지능을 이용한 갯벌 저서동물 분포도 작성을 위한 모식도

다양한 데다 여러 흔적이 섞여 있을 것이기 때문에 구별하기도 힘들고, 같은 것을 두 번 세는 등 실수가 많을 수 있다.

이러한 실수를 없애기 위해 인공지능 기술을 활용한다. 드론으로 찍은 수많은 사진 속에는 셀 수 없이 많은 생물의 활동 흔적이 찍혀 있을 것이다. 이를 일일이 눈으로 파악하는 것이 어렵고 사람의 눈으로 판독하기 어려운 흔적도 있을 수 있다. 앞에서 우리는 생물의 활동 흔적을 종별로 표준화한다고 했다. 표준화를 해야 하는 이유가 바로 이 과정을 위해 필요했던 것이다. 즉, 표준화한 생물의 흔적을 담은 이미지를 빅데이터로 만들고 기계학습(machine learning)을 통해 컴퓨터의 지능을 높이면 사진 속 각각의 생물 활동 흔적을 컴퓨터가 구별하여 종을 판별할 수 있게 된다. 뿐만 아니라 각 종별 개체수(개수)도 함께 인공지능이 셀 수 있다. 즉, 드론과 인공지능 기술을 이용하여 갯벌에 사는 저서동물의 종수와 각 종의 개체수를 파악할 수 있는 것이다.

나아가 이 기술을 적용하면 생물 종별로 생물량(무게)을 파악할 수도 있다. 갯벌 저서동물이 만든 집(서식굴)의 입구 크기와 활동 흔적의 크기는 생물의 몸체 크기와 상관있다. 사람은 몸집이 크다고 큰 집에 살거나 작다고 작은 집에 살지 않지만, 저서동물은 크기와 비례한 집과 흔적을 만든다. 이를 알아내기 위해 연구팀은 많은 현장 자료(서식굴이나 흔적의 크기와 몸체의 크기 자료)를 비교 분석하여 비례식을 만들었다.

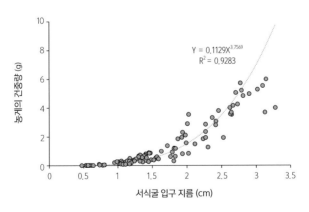

그림 3-4 서식굴 입구의 크기(X)와 내부에 서식하는 생물 무게(Y)와의 관계를 나타내는 식: 농게의 서식굴 크기와 몸무게와의 관계를 나타낸 그림이다. R^2은 상관계수로 1에 가까울수록 X와 Y값 간에 상관성이 높음을 뜻한다.

이 비례식에 따라 인공지능으로 이미지 속 서식굴 입구 크기와 흔적의 크기를 분석하면 바로 생물의 몸무게가 자동으로 계산된다.

누군가 이런 의문을 가질 수도 있겠다. '이미지 분석에 기술을 적용한다면 생물의 활동 흔적보다는 생물 자체가 판별하기 쉽지 않을까? 그렇게 하면 생물의 개수나 몸무게를 더 쉽게 알 수 있을지 않을까?' 그러나 생물의 활동 흔적으로 이를 판별하는 데는 그럴만한 이유가 있다. 바로 갯벌 저서동물의 생태적 특징 때문이다.

이 기술의 의도는 전체 갯벌에 사는 저서동물의 종류와 개수, 몸무게를 실제 양으로 파악하는 것이다. 우리나라는 통계청에서 매년 인구총조사(population census)를 하는데, 이와 비슷한 맥락이다. 나라에서 인구조사를 한다고 사람들을 한군데 모을 수는 없다. 마찬가지로 저서동물이 항상 갯벌 표면에서만 활동한다면 생물의 모양으로 모든 것을 판단할 수 있을 것이다.

그러나 갯벌 저서동물은 표면에서만 활동하지 않는다. 특히, 드론과 같은 비행체를 날리면 재빠르게 서식굴 속으로 피신한다. 그뿐만 아니라 저서동물은 아무런 방해 요인이 없어도 주기적으로 자기 집 속으로 드나들기를 반복한다. 그러니 눈에 띄는 생물만으로는 그 분포를 확인할 수 없다. 하지만 생물의 활동 흔적과 서식굴의 열린 입구는 갯벌이 드러나 있는 동안에는 항상 눈에 보인다. 이러한 이유로 생물의 활동 흔적과 서식굴의 모양이 이 기술을 적용하는 대상으로 선택된 것이다.

왜 저서동물은 자기 집으로 드나들기를 반복할까? 그 이유를 알려면 먼저 갯벌에 사는 저서동물의 생태학적 행동 특징과 서식굴의 구조적 특징에 대해 알아야 한다.

갯벌 생물의 집과 의미

▶갯벌 생물의 집, 서식굴

갯벌에 사는 저서동물은 왜 서식굴을 만들어야 했을까? 갯벌은 대기 노출과 해수 침수가 반복적으로 일어나는 곳이다. 갯벌에 서식하는 생물은 대부분이 해양성 종이기 때문에 생존하려면 반드시 바닷물이 필요하다. 따라서 갯벌은 생물의 생존에 해로울 수 있는 서식지다.

이들은 기나긴 진화의 역사 속에서 열악한 환경을 극복할 수 있는 방법을 찾아냈다. 바로 갯벌을 고유한 서식지로 이용하는 것이다. 대표적인 적응 방법 중 하나는 갯벌 밑에 굴을 파는 것, 즉 서식굴(burrow)을 파고 그곳에 들어가 사는 것이다. 굴을 만듦으로써 바닷물이 꼭 필요한 갯벌 생물은 물이 빠져나가 몸이 대기에 노출될 위험에 빠지면 바닷물이 남아 있는 굴속으로 피할 수 있었다. 또한 그 속에 숨어 삶으로써 자신을 잡아먹는 포식자를 피할 수도 있었다.

그렇다면 서식굴은 어떻게 만들까?

게나 새우와 같은 갑각류는 집게발로 먼저 흙을 파내 공간을 확보한 뒤, 양 집게발을 서로 맞대어 불도저가 흙을 밀

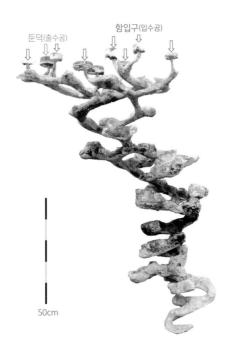

둔덕(출수공)　함입구(입수공)

50cm

그림 3-5 펄새우류인 가재붙이가 갯벌 속에 만든 집(서식굴)의 구조

듯이 굴 밖으로 흙을 파낸다. 그리고 밀물이 들어오면 서식
굴에 물이 차고, 이때 배다리*를 빠르게 움직여 파동을 일
으켜 흙을 함께 밖으로 내보냄으로써 서식굴을 만든다. 집
게발이 없는 갯지렁이류는 지렁이처럼 흙을 입으로 먹고 배
설하는 식으로 몸 전체를 사용하여 점차 굴의 크기를 키운

※ 게류나 새우류와 같은 갑각류의 배 부분에 있는 다리로 가슴다리보다 아랫부분에 자
리한다. 가슴다리는 주로 걷거나 무언가를 잡을 때 이용하고, 배다리는 물속을 헤엄치
거나 물에서 움직일 때 이용한다.

다. 껍질 속에 숨은 조개류는 발을 이용하여 흙 속으로 파고 든 다음, 딱딱한 패각(조가비)을 움직이면서 발을 수축하고 이완하여 흙 속으로 더 깊이 파고든다.

이렇듯 종마다 굴을 만드는 과정은 다르지만 갯벌에 사는 저서동물은 표층에서 생활하는 일부 종(예를 들어 고둥류)을 제외하면 대부분 서식굴을 만들어 생존한다. 이들은 각자 자기 소유의 집이 있다. 그 이유는 서식굴 속에 여럿이 함께 살면 생물 밀도가 높아져 굴 내부에 고인 물속의 산소가 금방 고갈될 위험이 있기 때문이다. 또한 동물은 자기 영역 표시 습성이 강하기 때문에 함께 살기가 어렵다. 그래서 자기만의 집이 있는 것이다. 가끔 짝짓기 계절에만 암컷과 수컷이 함께 살기도 하고, 가재붙이처럼 성체가 되고 난 뒤에는 암수가 함께 살기도 하지만 이런 경우는 예외에 속한다.

서식굴은 추운 겨울이 오면 하나둘씩 흔적이 사라진다. 곰, 개구리로 대표되는 동면 동물처럼 겨울이면 갯벌 저서 동물도 흙 깊숙한 곳으로 파고 들어가 움직임을 최소화하고 깊은 잠을 잔다. 갯벌 표층에서의 활동이 사라진 반면 해수의 움직임은 계속되어 표층의 서식굴과 활동 흔적이 겨울 동안 모두 사라져 버리는 것이다.

▶저서동물이 갯벌을 변하게 한다: 생물 교란

갯벌을 찍은 영상에는 여러 가지 형태로 생물이 만들어 놓은 흔적이 존재한다. 다양한 형태와 크기로 갯벌 표면에 뚫린 구멍, 포도송이나 콩알처럼 생긴 흙뭉치, 탑처럼 높이 쌓아 올린 흙더미, 종을 뒤집어 놓은 듯한 흙더미, 때론 나뭇잎을 그려 놓은 듯한 예쁜 흔적도 볼 수 있다. 바로 많은 종류의 생물 흔적들이다.

이 흔적들은 갯벌 생물이 먹이를 먹고, 배설하고, 굴을 만들거나 유지하는 등의 여러 활동으로 갯벌 표면에 만들어 놓은 것이다. 이러한 흔적의 끝에서 퇴적물 속으로 연결된 생물

그림 3-6 갯벌 생물의 활동에 의한 생물교란 모식도: 붉은색 화살표는 퇴적물의 위치 이동, 파란색 화살표는 물의 위치 이동을 가리킨다.

의 굴 구조 또한 크기와 형태에서 매우 다양하다. 갯벌 생물은 퇴적물을 파헤쳐 굴을 만들며, 물이 들어왔을 때 굴 내부로 산소와 먹이원을 공급하고 신진대사 물질을 배출하기 위해 관개(灌漑)* 활동을 한다. 생물에 의한 퇴적물과 해수의 위치 이동과 혼합을 '생물교란(bioturbation)'이라 정의한다.

생물교란의 중요성은 찰스 다윈(Charles Darwin, 1809~1882)이 그의 마지막 저서 『지렁이의 활동에 의한 분변토의 형성』에서 처음으로 언급했다. 비록 생물교란이라는 용어를 사용하지는 않았지만, 그 의미는 같다. 즉, 생물이 퇴적물에 일으키는 여러 움직임이 퇴적물에 일어나는 여러 가지 과정에서 중요하다는 것이다. '생물교란'이라는 용어를 처음 쓴 사람은 독일의 고생물학자 루돌프 리히터(Rudolf Richter, 1881~1957)로 1952년에 퇴적물 재분포(sediment reworking)를 설명하면서 이름을 붙였다. 그 후, 1970년대 들어서 생물이 현생 퇴적물에 일으키는 생지화학적 영향을 이야기할 때 이 용어가 자주 사용되었다. 최근에는 퇴적물 속 지화학적 요소들의 농도 차이를 변형시키고, 먹이원, 바이러스, 박테리아, 휴면상태의 포자와 알 등을 재분포하는 '생태계 공학(ecosystem engineering)'의 한 예로 생물교란이 인식되기도 한다.

＊생물의 활동으로 서식굴 내부의 해수와 수층 해수가 교환되는 것

▶갯벌의 집들은 왜 다르게 생겼을까?

저서동물의 집은 종마다 다르게 생겼다. 이유는 무엇일까? 결론적으로 말하자면 어떻게 먹이를 먹느냐에 따라 집의 모양이 다르다. 조개류와 같이 물에 있는 유기물을 걸러먹는 경우에는 크고 복잡한 형태의 집이 필요 없다. 단지 몸이 흙 속에 묻히고 입(사이펀)을 흙 밖으로 뻗을 수 있는 정도의 크기이면 된다. 그러나 흙 속에 있는 유기물을 먹는 게류나 갯지렁이는 주변의 먹이가 금세 사라진다. 그렇기 때문에 더 넓은 곳으로 영역을 넓혀야 하고, 그 결과 훨씬 복잡하고

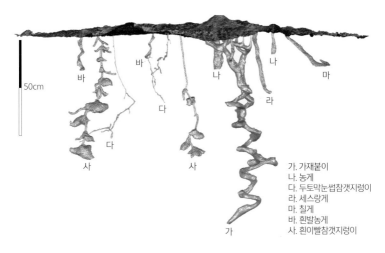

그림 3-7 다양한 저서동물이 갯벌 퇴적물 내부에 만들어 놓은 서식굴의 모습. 종마다 서식굴의 형태와 구조가 각기 다르다.

규모가 큰 집을 만들게 된다.

생물 서식굴의 구조에 관한 정보는 세계적으로도 자료가 많지 않으며, 우리나라의 경우에는 거의 정보가 없다. 생물 서식굴의 구조에는 생물의 먹이 섭취 방법, 활동성 정도, 몸체의 형태와 크기가 반영된다. 아울러 서식지의 환경 특성은 서식굴의 크기를 결정하는 중요한 요인 중 하나이다. 서식굴의 크기와 형태는 생물의 종류와 환경 특성에 따라 큰 차이를 보인다.

그렇다면 저서동물은 얼마나 큰 굴까지 만들 수 있을까? 갯벌 퇴적물 맨 위부터 서식굴의 가장 안쪽까지의 깊이는 수 센티미터에서부터 수백 센티미터에 이르기까지 다양하다. 같은 종이라면 생물의 몸 크기가 클수록 서식굴의 크기도 커진다.

〈그림 3-8〉의 미로처럼 보이는 흰색 공간이 바로 서식굴의 형태이다. 가장 단순한 형태는 입구가 한 곳이며 입구에서 바로 수직으로 내려가는 일자 형태 구조이다. 이 형태는 주로 조개류나 일부 갯지렁이류의 여과물식자와 표층 퇴적물식자(surface deposit-feeder)인 게류가 주로 만드는 구조이다. 우리나라 갯벌에서는 동죽, 가무락, 바지락 등의 조개류와

집 외벽을 질긴 재질로 감싼 털보집갯지렁이 그리고 농게, 세스랑게 등의 서식굴이 이에 해당한다.

〈그림 3-8〉의 2와 3은 가장 흔하게 볼 수 있는 서식굴의 형태로, 퇴적물 표면에 두 곳 이상의 입구가 있는 'U' 자 또는 'Y' 자 모양이다. 이 형태의 서식굴은 퇴적물식자나 서식굴 안에서 여과해서 먹는 생물들이 만든다. 대표적으로 세가시육질꼬리옆새우와 쏙이 이에 속한다. 이들은 서식굴 안

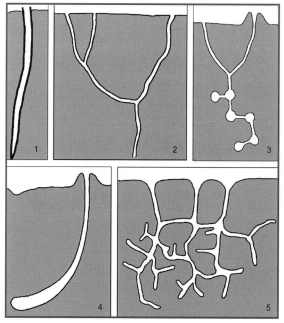

그림 3-8 저서동물 서식굴의 여러 가지 형태: 1) 일자형, 2) 'U' 자 또는 'Y' 자 형, 3) 여러 갈래로 뻗은 'Y' 자 형, 4) 'J' 자 형, 5) 복잡한 확장형(Kristensen and Kostka, 2005에서 인용)

에서 활발하게 관개 활동을 하며, 두 곳 이상의 입구는 굴 내부 바닷물의 흐름을 원활하게 하는 데 기여한다.

이 밖에도 'Y' 자 형태에서 여러 갈래로 뻗은 형태, 'J' 자형, 그리고 복잡한 확장형 등으로 형태에 따라 서식굴을 구분할 수 있다. 그러나 갯벌 생물이 만든 서식굴의 형태는 종별로 각기 다르며, 그 차이는 생물의 생태적 특성에 따라 결정된다.

우리나라 갯벌에서 가장 독특한 굴을 만드는 생물은 가재붙이와 흰이빨참갯지렁이다. 이들은 위에서 구분한 기준과는 크게 다른 형태로 서식굴을 만든다. 가재붙이 서식굴의 구조적 특징은 매우 크고 복잡한 형태로 크게 세 부분으로 나뉜다. 상층부는 수평 통로(horizontal gallery)와 갯벌 표층으로 연결되는 수직 통로(shaft)로 구성되어 있다. 두 구조가 만나는 곳은 약간 부풀어 있으며, 수직 통로는 7~12개(평균 8개)로 이루어져 있다.

이 중 하나는 갯벌 표면에서 종 모양으로 솟아오른 둔덕(mound)과 연결되며, 나머지는 깔때기 모양의 함입구(funnel)로 연결된다. 둔덕으로는 퇴적물과 바닷물이 배출되며, 함입구로는 바닷물이 유입된다. 바닷물이 빠져나오는 구멍 주위에는 바닷물과 함께 내부의 흙도 함께 빠져나와 주위에 쌓이게 되어 둔덕이 형성된다. 반대로 바닷물이 흘러드는 합입구는 물이 들어가기 때문에 주위가 깎여 깔때기 모양의 구멍이 만들어진다.

바닷물이 밀려와 굴 주위로 바닷물이 차오르기 시작하면 가재붙이는 상층부의 둔덕 아래에 자리 잡고 배다리를 바삐 움직여 굴 내부의 물을 밖으로 빠르게 내보낸다. 이때 압력 차이로 또 다른 열린 구멍인 합입구로 외부의 바닷물이 굴 안으로 들어오게 된다. 이 과정에서 간조 동안 굴 안에 쌓인 신진대사 결과물인 이산화탄소와 배설물 등이 밖으로 빠져나가고, 산소가 풍부하고 신선한 외부 바닷물이 흘러들어 그 자리를 메운다. 이것이 관개 활동이며, 이 활동으로 생존을 위해 필요한 산소와 먹이를 외부 바닷물에서 공급받는다.

여러 개의 수평 통로는 아래쪽에서 주 통로(main gallery)와 연결되어 중층부를 구성한다. 이곳에서 주 통로는 비스듬하게 나선형으로 꼬이면서 아래로 향하는 구조이며, 꼬임의 방향은 주기적으로 방향이 반대로 바뀐다. 꼬임의 방향이 바뀌는 곳에는 옆으로 확장된 방(chamber)이 있다. 그리고 주 통로에서부터 갈라진 통로(branched gallery)가 하나 있으며, 이 통로는 퇴적물 표층으로 연결되지만, 중간에 막힌 경우도 드물게 있다. 방은 아래로 향하면서 그 크기가 늘어난다.

하층부에서는 주 통로가 거의 수직으로 향하며 일정 깊이 간격으로 수평으로 뻗은 방과 연결되어 있다. 방 중에는 중층부의 아랫부분에 자리한 것이 부피가 가장 크며 그 정도는 개체의 몸체 부피의 약 30배에 이른다. 주 통로와 수평 통로의 단면은 다른 쏙상과(Superfamily Thalassinoidea)의 펄새우류(mud shrimp)에서 보이는 원형 구조가 아니라 아랫부분이 평편한 타원형이다. 그리고 쏙상과의 여느 서식굴 구조와 비교하여 가재붙이 서식굴은 나선형으로 꼬인 긴 주 통로가 있다는 점이 눈에 띄게 차이 난다. 가재붙이 서식굴은 깊이 기준으로 2미터 이상이며, 부피는 최대 16,276세제곱센티미터에 이를 정도로 크다. 가재붙이 서식굴 한 곳에 약 16리터(1리터는 1,000세제곱센티미터)의 바닷물을 채울 수 있다는 의미이다.

흰이빨참갯지렁이는 참갯지렁이과(Family Nereididae)에 속하며, 길이 2미터까지 자라는 대형 갯지렁이다. 과거에는 숭어 미끼용으로 소고기보다 비싼 가격에 일본과 유럽 등지로 수출되었다.

서식굴 입구는 작은 원형이며, 그 주변으로 굴을 파고 밀어낸 흙뭉치가 높이 쌓여 있다. 퇴적물 표면에는 서식굴로

그림 3-9 갯벌 표층의 입구와 연결된 가재붙이 서식굴

연결된 나뭇잎 모양의 흔적이 있는데, 이는 흰이빨참갯지렁이가 퇴적물 표면에 몸체를 내밀어 먹이활동을 한 흔적이다. 간조 때 몸체 일부를 밖으로 내밀어 표층의 규조류를 포함한 유기물을 긁어 먹는다.

서식굴은 단면이 둥근 수직으로 뻗은 통로와 그 중간중간에 비정형적인 방(bulge)이 있는 구조이다. 방의 개수는 굴의 전체 길이가 길수록 많고, 아래로 향할수록 커지며 최대 9개까지 관찰된다. 이 중 위쪽에 있는 방은 표층에서 먹이활동을 할 때 뱀처럼 몸을 똬리 트는 공간이며, 위급한 상황에서 표층에 내민 머리 부분을 재빨리 움츠리기 위한 공간이다. 그리고 아래쪽 공간에서 몸의 위치를 바꾸기도 한다.

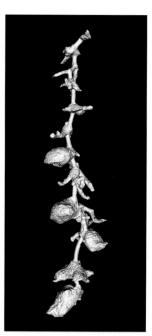

그림 3-10 흰이빨참갯지렁이 서식굴

흰이빨참갯지렁이는 배설물을 집 밖인 갯벌 표면에 배설한다. 몸이 길어 엉덩이 부분을 위로 올리려면 몸 아래와 머리 위치를 바꾸어야 하는데, 이때 이 공간에서 몸의 위치를 바꾼다. 수직 통로는 약간 휘어 있기도 하지만 갈라지지 않은 일자형 구조이다. 굴 입구의 지름은 2.5센티미터를 넘지 않으며, 굴 전체 길이는 180센티미터까지 관찰된다. 큰 서식굴의 경우에는 그 깊이가 1미터까지 이어졌으며, 그 부피는 1,731세제곱

센티미터(=1.731리터) 정도이다.

　　대표적인 갯벌 저서동물의 서식굴 실제 구조는 〈그림
3-11〉과 같다.

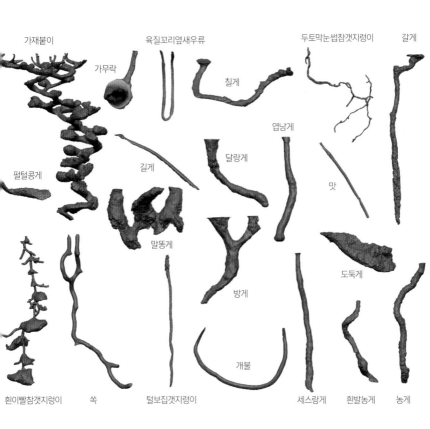

그림 3-11 우리나라 갯벌을 대표하는 대형 저서동물 21종의 집(서식굴) 형태

▶ 서식굴의 크기

갯벌 생물의 서식굴 크기는 작게는 수 센티미터부터 크게는 수백 센티미터(깊이 기준)에 이르기까지 다양하며, 종 사이에도 차이를 보일 뿐만 아니라 같은 종에도 그 차이가 있다. 이는 서식지의 환경 특성이 반영된 결과이다. 우리나라 갯벌을 조사한 결과, 서식굴 크기는 시간에 따라 변하기도 하는데, 소조 기간*에는 대조 기간**에 비해 서식굴 크기가 커지는 것을 알 수 있다. 장소에 따라서도 차이를 보인다. 예를 들어, 같은 종이라도 갯벌이 높은 지대에 있어 대기에 노출되는 시간이 상대적으로 긴 지형에서는 서식굴의 길이가 낮은 지형에 비해 더 길다. 또한 기온이 높은 여름철에는 봄철에 비해 서식굴 크기가 더 커지는 경향이 나타나기도 한다.

시간과 공간 차이에 따른 서식굴의 크기 변화는 생물의 생존 본능으로 설명할 수 있다. 서식굴에 고인 바닷물에 의지하여 간조 시간을 견뎌야만 하는 생물은 소조 기간이나 지형이 높아 대기에 노출되는 시간이 상대적으로 길어지면 더 많은 바닷물이 필요하므로 서식굴을 더 크게 만들어야

---

*하루 중 간조와 만조 때의 바닷물 높이 차가 상대적으로 작은 기간으로 반달이 뜨는 기간 즈음
**하루 중 간조와 만조 때의 바닷물 높이 차가 상대적으로 큰 기간으로 초승달이나 그믐달, 보름달이 뜨는 기간 즈음

한다. 마찬가지로 여름철에는 봄철에 비해 간조 시간 동안 바닷물이 더 많이 증발하므로 생존을 위해 굴을 확장하여 더 많은 바닷물을 확보해야 한다.

이렇듯 갯벌 저서동물에게 서식굴은 열악한 환경조건을 극복할 수 있는 피난처 역할을 한다. 서식굴은 열을 식히는 공간일 뿐 아니라 물을 저장하는 공간이기도 하다. 서식굴 내부 온도는 서식굴의 깊이와 구조에 따라 다르고 주변 퇴적물이 바닷물을 얼마나 품고 있는지와도 연관 있다. 특히 상부 갯벌 서식지는 빈번하게 노출되며, 노출시간은 일반적으로 24시간 이상 지속된다. 심한 경우에는 한 달 동안 노출되기도 한다. 이러한 열악한 환경조건을 극복하기 위해 상부 갯벌의 저서동물은 서식굴을 좀 더 크게 만들기도 한다.

▶서식굴의 유지와 보수

생물은 서식굴을 계속 보수하면서 유지한다. 조석의 움직임에 따라 갯벌 퇴적물은 하루에 두 번씩 바닷물에 잠기거나 대기 노출이 반복된다. 이 과정에서 서식굴은 조류로 인해 무너지기도 하고 퇴적물이 입구를 막기도 하는 등, 계속 변형된다.

바닷물이 빠지고 난 뒤 게류를 포함한 퇴적물식자는 가

장 먼저 자신의 집, 즉 서식굴을 보수한다. 서식굴을 고친 뒤에야 먹이활동과 같은 움직임을 이어나간다. 물론 집이 크게 훼손되지 않았다면 바닷물이 밀려 나간 갯벌에서 곧바로 먹이활동을 하는 경우도 흔히 볼 수 있다. 조류의 움직임에 따른 서식굴의 변형을 막으려고 일부 생물은 서식굴의 내벽에 점액질을 덧대어 굴의 강도를 높이기도 한다.

한편, 저서동물은 이사도 가는 것으로 추정된다. 즉, 한 번 만든 서식굴을 평생 쓰지 않는 것 같다는 뜻이다. 서식굴 입구를 유심히 관찰하면, 주변에 생물의 발자국이나 또 다른 생물 활동의 흔적이 남아 있기도 하고, 그런 흔적이 전혀 없기도 하다. 전자는 집의 주인이 살고 있는 경우이며, 후자의 경우는 버려진 집이다. 대부분의 갯벌 생물은 사용하던 집을 버리고 새로운 집을 만들기도 한다. 얼마나 자주 집을 버리거나 새로 짓는지 조사한 정보는 거의 없지만, 그 이유역시 생물의 생태적 특성과 관련 있는 것으로 추정된다.

강화도 동검도 갯벌의 한 지역에서 칠게, 방게, 세스랑게 등 게류의 서식굴을 대상으로 조사를 해보았더니, 봄철에는 버려진 집이 전체 서식굴의 약 35퍼센트나 되었지만, 여름철에는 약 20퍼센트로 줄었다. 아직 그 이유에 대해서는 정확히 알지 못하지만, 현장에서 경험해 보면 원래 살던 서식굴

그림 3-12 엽낭게 서식지의 생물 활동 흔적: 엽낭게 서식지에 두 종류의 콩알 모양 퇴적물 뭉치가 보인다. 상대적으로 크고 색이 짙은 흙은 서식굴을 보수하면서 굴 속에서부터 뭉쳐낸 흙이며(원 안), 작은 것은 표면에서 먹이활동을 하고 난 뒤 내보낸 의배설물*이다.

이 심하게 파손되었거나, 다른 개체와의 경쟁에서 져 집을 빼앗긴 경우도 있는 듯하다. 하지만 이는 새로운 집을 만드는 이유에 대해 추측한 것뿐이다. 외국의 사례를 참고해 보면, 산란기에 짝을 찾기 위해 집단 이주를 하느라 서식굴을 버리기도 하고, 먹이가 부족한 시기에는 먹이를 찾아 방랑 생활을 하기도 한다.

앞에서도 말했듯이 서식굴 하나에는 개체 하나가 살고

＊ 의배설물(pseudofecal pellet)이란 소화기관을 통과하지 않고 입에서 바로 내보낸 배설물이다. 저서동물 중 퇴적물을 먹는 게류는 입에서 흙 속의 먹이만 먹고 나머지 흙은 입 밖으로 뱉어낸다. 배설물과는 구별되며, 가짜 배설물이라는 의미로 '의배설물'이라 한다.

있지만 예외도 있다. 짝짓기 시기에 암·수가 하나의 서식굴에서 발견되는 경우도 있고, 질세처럼 어린 개체가 다 큰 성체의 집에 함께 사는 경우도 있다.

가재붙이는 독특하게 하나의 서식굴을 암·수가 평생 함께 공유한다. 가재붙이도 어린 개체일 때는 독립된 서식굴이 하나 있지만, 개체가 일정 크기까지 자라면 암·수가 함께 서식굴에서 산다. 털보집갯지렁이 서식굴에 공생하는 옆길게처럼, 다른 두 종이 하나의 서식굴에서 살면서 공생하기도 한다.

서식굴은 주변의 다른 서식굴로부터 독립된 하나의 공간이다. 즉, 이웃한 서식굴 간에도 굴의 통로가 연결되어 있지 않다. 물론 이 경우에도 예외는 있다. 말똥게는 각각의 서식굴을 독립된 공간으로 유지하고, 이웃한 서식굴 2~3개가 함께 통로가 연결되어 있기도 하다.

아주 드물게는 다른 두 종의 서식굴이 연결되어 있기도 한데, 두토막눈썹참갯지렁이 같은 종은 갯벌 속에서 퇴적물을 먹으며 서식굴을 넓힌다. 그러다가 칠게나 세스랑게 등 게류의 서식굴에 두토막눈썹참갯지렁이의 서식굴이 연결되기도 한다. 아마도 먹이를 섭취하기 위해 서식굴을 계속 넓혀 가는 이 종의 생태적 습성과 관련된 것으로 판단된다. 서식굴이 서로 연결된 경우가 매우 드문 것을 감안할 때, 서식굴의 통로가 퇴적물 속에서 우연히 접하게 되면 갯벌 생물은 굴의 방향을 바꾸어 각각의 서식굴을 독립된 공간으로 유지하려는 습성이 있는 것 같다.

▶서식굴의 생태적 역할

해양 환경의 퇴적물 속에는 산소가 얼마나 있을까? 일반적으로 퇴적물 속으로 산소가 유입할 수 있는 깊이는 입자 알갱이가 무엇으로 되어 있는지에 따라 다르긴 하지만, 펄 성분이 많은 퇴적물은 그 깊이가 수밀리미터로 제한된다. 바닷물 속의 산소나 대기 중의 산소가 퇴적물로 확산되는 것이다. 그 정도는 확산에 의해 공급되는 산소와 퇴적물 내부에서 소비되는 산소의 양에 따라 결정된다. 예를 들어 생물이 살지 않는 퇴적물이라면, 산소는 아주 얕은 깊이까지만 확산된다.

그렇다면 산소는 왜 퇴적물 깊숙이 확산되지 못할까? 그 이유는 두 가지로 설명된다. 첫 번째는 펄처럼 입자크기가 아주 작은 알갱이로 이루어진 퇴적물은 입자와 입자 사이의 간격이 매우 좁아 산소가 물리적으로 확산되기 어렵기 때문이다. 두 번째는 퇴적물 속에 사는 미생물에 의해 산소가 빠르게 소비되기 때문이다.

흔히 갯벌에는 정화 기능이 있다고 한다. 갯벌에 사는 미생물이 유기물을 분해함으로써 해양 환경을 깨끗이 유지한다는 의미이다. 유기물은 동물과 식물 등의 생명체를 이루고 있는 탄소를 포함한 물질이며, 주로 생물체 안에서 합성되는 단백질, 지방, 탄수화물 등을 가리킨다. 즉, 생명체를 이루는 물질이라는 뜻이다.

갯벌에서는 미생물이 분해하는 유기물은 대부분 동·식물의 사체가 잘게 부서진 형태로 존재한다. 유기물은 해양에서 모든 생물이 살아가는 데 필요한 에너지의 원천이기도 하지만, 생태계가 수용할 수 있는 양보다 많으면 오염물질로 취급한다. 우리가 먹는 음식은 모두 유기물이고, 음식물이 남아서 버리면 쓰레기가 되는 것과 비슷한 이치이다.

해안가의 바다에는 많은 양의 유기물이 존재한다. 육지에서 강으로 흘러드는 유기물이 많기 때문이다. 그러나 흘러드는 양이 많더라도 제대로 분해되면 바다는 깨끗하게 유지될 수 있다. 그 역할을 갯벌이 한다. 갯벌 퇴적물에서 미생물이 유기물을 분해하려면 전자수용체*가 필요하다.

---

* 전자를 다른 화합물로부터 제공받는 분자 또는 이온을 가리킨다. 호기성 환경에서는 주로 산소가 최종 전자수용체의 역할을 하며, 혐기성 환경에서는 질산염, 철이온, 황산염 등이 전자수용체로 이용된다. 지구상 대부분 생물은 호흡을 위해 산소를 전자수용체로 이용하지만, 특정 미생물의 경우에는 준호기성이나 혐기성 환경에서 산소 이외의 물질을 이용하여 호흡한다.

산소는 미생물이 가장 좋아하는 전자수용체 중 하나이다. 퇴적물은 깊이에 따라 맨 위층은 산소층, 그 아래 질산염, 망간이온, 철이온이 전자수용체로 이용되는 준산소층, 마지막에는 빈산소층(황산염과 이산화탄소가 전자수용체로 이용)인 산소가 거의 없는 층으로 나뉜다. 그런데 미생물이 같은 양의 유기물을 분해함으로써 생산하는 에너지는 전자수용체의 종류에 따라 다르며, 그 양은 산소층, 준산소층, 빈산소층 순이다. 즉, 유기물이 분해될 때 산소를 전자수용체로 이용할 때 가장 빠르게 유기물이 분해될 수 있다는 의미이다. 또한 빈산소층에서 유기물이 분해되면 효율이 떨어질 뿐만 아니라, 흔히 악취가 난다고 하는 황화수소(H_2S) 가스나 메탄(메테인, CH_4) 가스가 발생하며 생물에게 해로운 황화합물도 형성된다.

생물이 없는 갯벌을 상상해 보자. 산소층은 매우 얇을 것이고 따라서 유기물 분해가 활발히 일어나지 않아 갯벌의 정화 작용은 줄어들 것이다. 그러나 갯벌에는 다양한 종류의 저서동물이 살며, 이들은 각기 다른 형태의 서식굴을 만든다. 서식굴이 생태학적으로 중요한 의미를 지닌 이유는 바로 이 서식굴에 의해 퇴적물 깊숙한 곳으로 산소가 투과된다는 것이다. 생물의 서식굴 활동을 포함하는 생물교란은

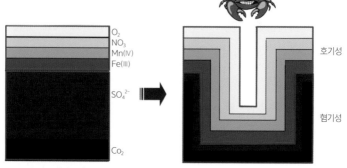

그림 3-13 서식굴 유무에 따른 갯벌 퇴적물 속 산소층 분포 비교. 서식굴이 없는 퇴적물(왼쪽), 생물이 만든 서식굴은 호기성 환경을 확장하고, 반대로 혐기성 환경을 축소한다(오른쪽).

혐기성 환경으로의 산소 공급과 함께 미생물 생장에 필요한 전자수용체[질산염(NO_3^-), 산화망간(MnO_2), 산화철($FeOOH$), 황산염(SO_4^{2-})]와 신선한 유기물을 공급함으로써 호기성 및 혐기성 미생물의 활동을 촉진한다. 이렇게 함으로써 궁극적으로는 퇴적물 속 유기물 분해력을 높이는 역할을 한다.

이러한 과정이 우리에게 무슨 의미가 있는지 궁금해하는 독자도 있을 것이다. 흔히 갯벌이 환경오염을 줄여서 이롭다고 한다. 하지만 갯벌이 어떻게 오염을 줄이는지는 알 수 없었을 것이다.

오염물질은 대부분 유기물이다. 오염원의 하나인 유기물은 갯벌에서 생물이 직접 먹음으로써 없어지기도 하고, 미생물의 분해작용으로도 없어진다. 지금까지 알아본 생물교란, 즉 갯벌 저서동물의 활동으로 그 양이 줄어든다는 뜻이다. 미생물에 의한 유기물 분해작용은 산소가 있는 환경에서 훨씬 활발하게 일어난다. 저서동물이 서식굴로 퇴적물에 산소를 공급하여 더 많은 미생물이 활동하게 함으로써 정화 기능을 높일 수 있다. 즉, 갯벌 생물의 굴은 퇴적물 깊은 곳까지 산소를 공급하고, 이에 따라 미생물의 분해작용이 활발하게 일어난다. 그래서 갯벌 생물의 굴(집)은 우리 바다를 깨끗하게 지켜주는 역할을 하는 것이다.

인공지능과 드론을 이용한 생물 분포도 적용 사례

앞에서 살펴보았던 드론과 인공지능을 이용한 갯벌 저서 동물 종 판별과 개체수 그리고 생물량을 구하는 방법을 알아보도록 하자. 아직 이 기술은 개발 초기 단계이므로 간단한 예시와 함께 문제점 위주로 설명하기로 한다.

드론이 찍은 이미지 속에 특정한 종이 얼마나 있는지 인공지능이 판별할 때는 객체 인식 기술이 이용된다. 객체 인식 기술이란 이미지 또는 비디오 상의 객체(사물)를 식별하는 컴퓨터 비전(vision) 기술로, 딥러닝(deep learning)과 기계학습(머신러닝machine learning) 알고리즘으로 산출하는 기술이다.

이 기술에서 객체가 얼마나 정확하게 사물을 판별했는지 정밀도(precision)와 재현율(recall)을 이용하여 검증한다. 정밀도는 인공지능이 예측한 자료 중에서 제대로 예측한 것의 비율을 의미하며, 검출된 결과가 실제 객체들과 얼마나 일치하는지를 나타내는 지표이다. 재현율은 실측 자료(ground truth, 정답)를 기준으로 제대로 예측한 것의 비율이며, 실제 객체들을 빠뜨리지 않고 얼마나 정확히 검출·예측하는지를 나타내는 지표이다.

〈그림 3-14〉에서처럼, 실제 정답이 4개(왼쪽)인데 인공지

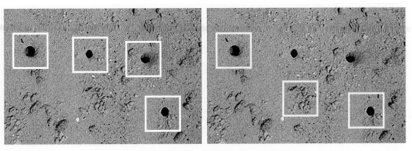

정밀도(Precision)=2/3(67%), 재현율(Recall)=2/4(50%)

그림 3-14 인공지능 객체 인식 기술을 검증하는 정밀도와 재현율의 비교 예

능 객체 인식 기술은 3개를 예측(오른쪽)했다고 하자. 그렇다면 정밀도는 예측한 3개 중에서 정답의 비율이므로 3분의 2(67%)이고, 정답 4개 중 2개만 제대로 예측했으므로 재현율은 4분의 2(50%)가 된다. 따라서 인공지능 객체 인식 기술의 정확도를 높이려면 정밀도와 재현율이 높아져야만 한다.

공부를 많이 할수록 학교 성적이 오르듯이 인공지능도 학습을 많이 시킬수록 정밀도와 재현율이 높아지기 마련이다. 그러나 공부를 무턱대고 많이 하는 것보다 문제의 핵심과 이해를 바탕으로 해야만 빠르게 성적이 오르는 것처럼 인공지능 학습도 마찬가지다. 학습자료의 정확도가 높을수록 인공지능의 지능도 빠르게 상승한다.

갯벌 생물의 흔적을 표준화한 이유가 바로 여기에 있다. 예를 들어, 칠게의 서식굴과 그 흔적을 학습시킬 때 대상의 정확도가 높아야만 검출했을 때 정밀도와 재현율이 높아질 수 있다. 그러므로 정확하면서도 방대한 양의 자료를 학습시킬수록 인공지능이 검출한 결과의 정확도가 높아진다. 앞에서 설명했던 표준화와 빅데이터화 과정이 필요한 이유가 바로 이 때문이다.

〈그림 3-15〉는 모래갯벌에 사는 달랑게의 서식굴 흔적을 학습시키고 실제로 인공지능 YOLO(You Only Look Once의 약자) 알고리즘으로 달랑게의 개체수를 예측한 것이다. 700개의 이미지 자료를 학습시키고 검출한 경우로, 정밀도는 97퍼센트였으며, 재현율은 88퍼센트였다. 적은 학습자료 양을 고려했을 때 검출 정확도가 상당히 높게 나타났다. 그 이유

달랑게(*Ocypode stimpsoni*)

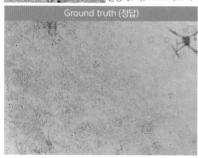

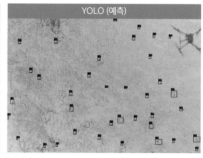

그림 3-15 YOLO 알고리즘으로 검출한 달랑게 개체수(정밀도 97%, 재현율 88%)

는 달랑게 서식지의 생물상과 지형학적 단순함 때문일 것이라 판단된다. 달랑게 서식지에는 다른 생물이 거의 살지 않고 달랑게 한 종만이 무리를 이루어 산다. 또한 서식지의 지형적 특성은 모래로 이루어졌고 굴곡 없이 평탄하고 단순하다. 즉, 인공지능 알고리즘이 크게 고민할 필요 없이 검출할 수 있다.

〈그림 3-16〉에서 펄갯벌에 사는 칠게의 예를 살펴보자. 달랑게와 같은 양의 자료를 학습시켰으며, 이때 검출 결과는 정밀도와 재현율이 각각 71퍼센트와 43퍼센트였다. 같은 양의 자료를 학습시켰음에도 정밀도와 재현율에서 두 종 사이

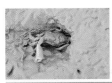
칠게(*Macrophthalmus japonicus*)

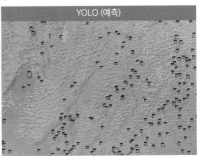

그림 3-16 YOLO 알고리즘으로 검출한 칠게 개체수(정밀도 71%, 재현율 43%)

에 상당한 차이가 있다. 차이의 원인은 무엇일까?

칠게 서식지는 달랑게 서식지와 비교해 다른 생물이 섞여 살며(다른 생물의 서식굴 입구가 함께 있다는 의미), 또한 바닷물이 지표면에 남아 있는 등 지형적으로도 복잡하다. 그래서 인공지능 알고리즘은 달랑게의 예에 비해 머리를 많이 써야 했고, 이에 따라 검출 정확도가 낮게 나왔다. 즉, A와 B가 같은 분량으로 공부했지만 A의 시험문제는 단순하고 쉬웠으며, B의 시험문제는 복잡하고 어려웠다는 뜻이다. 다시 말해, 시험문제의 난이도에 따라 성적이 다르게 나온 것이다.

〈그림 3-17〉은 두 종(칠게와 농게)을 동시에 검출한 예이다. 이때 각각의 종에 대해 학습량을 이미지 1,200장으로 늘렸다. 그 결과 칠게의 정밀도가 100퍼센트로 크게 향상되었다. 그러나 재현율은 27퍼센트로 오히려 낮아졌다. 여기에서 알 수 있듯이, 학습량의 정도에 따라 정밀도는 개선되지만, 두 종을 동시에 검출하면 재현율이 낮아질 수 있다는 사실이다. 어쩌면 당연한 결과일지 모른다. 공부를 더 많이 했으니 시험 성적은 올랐지만 두 종을 동시에 검출해야 하는 문제라 난이도가 더 높아져 정답률이 더 낮아졌다는 뜻이다.

지금까지의 결과를 종합해 보면, 학습량의 정도에 따라 검출 정확도는 높아졌지만, 검출해야 할 대상의 복잡함 정도

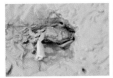
칠게(*Macrophthalmus japonicus*)

농게(*Uca arcuata*)

Ground truth (정답)

YOLO (예측)

그림 3-17 YOLO 알고리즘으로 동시에 검출한 칠게와 농게 개체수: 칠게-정밀도 100%, 재현율 27%, 농게-정밀도 94%, 재현율 73%. 오른쪽 그림에서 붉은색은 농게, 주황색은 칠게이다.

에 따라 그 정확도는 변할 수 있다는 점이다. 그러므로 객체 인식 기술의 정확도를 표현하는 정밀도(precision)와 재현율 (recall)을 동시에 높이려면 학습자료의 양뿐만 아니라 학습 자료의 다양함도 함께 늘려야 한다.

〈그림 3-18〉은 갯벌 저서동물의 종 구분과 종별 개체수 그리고 생물량 정보의 공간정보를 인공지능과 드론 기술을 이용하여 도출한 결과를 예시로 표현한 것이다. 좁은 범위의 결과를 담고 있지만, 대상 지역의 갯벌 생물을 구분하고 종

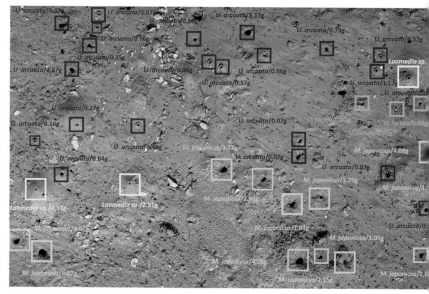

그림 3-18 YOLO 알고리즘으로 검출한 저서동물 종 판별, 종별 개체수 그리고 생물량: 사각형 표시는 색별로 노란색은 가재붙이(*Laomedia sp.*), 연두색은 칠게(*M. japonicus*), 파란색은 흰발농게(*U. lactea*), 붉은색은 농게(*U. arcuata*)의 구분이다. 각각의 네모는 종 구분과 생물량 정보를 담고 있다.

별 개체수와 생물량의 공간정보를 자연 상태 그대로의 값으로 표현할 수 있다는 것이 이 기술 개발이 지닌 의미다. 나아가 이러한 기술을 좀 더 넓은 지역으로 확대한다면 우리나라 전체 갯벌의 생물 공간정보를 공간적으로 빠짐없이 파악할 수 있다. 이로써 기존의 생물 조사 결과와는 차원이 다른 갯벌 생물에 대한 공간정보를 만들 수 있다.

닫는 글

갯벌은 시시각각 변화하는 역동적인 공간이다. 하루에 두 번씩 물이 드나드는 육역과 해역의 전이지대에 위치하기 때문에 접근하기 어렵다. 따라서 갯벌에 대한 정보도 많이 알려지지 않아 미지의 영역처럼 여겨지고 있다.

최근 갯벌의 활용도가 다양해지면서 단순히 어민들의 수산물 생산 활동에만 그치지 않고 일반인을 대상으로 관광, 체험, 스포츠, 휴식 등 다양한 영역으로 확대되고 있다. 하지만 지역별 특성을 담은 명확한 갯벌에 관한 정보가 없어 갯벌에 들어갔다가 빠져나오지 못해 사망사고와 같은 안타까운 인명피해가 발생하고 있다. 또한 밀물과 썰물의 바닷물이 드나드는 시간을 인지하지 못해 차량 침수 등과 같은 재산피해로도 이어지고 있다.

갯벌 공간정보의 제공은 갯벌을 이용하고 찾는 사람들 모두에게 필요했거나 필요할 정보일 것이다. 세계 5대 갯벌

① 유네스코 세계자연유산

· 정기적 모니터링(등재 이후
  6년마다 정기 보고)

- 자연유산 해당 종의 수,
  또는 주요 종 개체군의 수
- 신청 대상물에 대한 침해
  행위의 증가 및 감소 속도
- 과학적, 효율적 조사방법
  필요

② 해양정원 조성

· 체계적인 관리 방안

- 주변 갯벌 생태 변화 모니터링
- 전체적인 환경변화 감시

③ 블루카본 저장소

· 비식생 갯벌의 탄소 저장량

- 침·퇴적량 계산, 갯벌의 유기물
  함량 계산, 탄소 저장량 추정

④ 갯벌 복원사업

· 복원사업 후 주변 생태계 복원
  효과와 평가 한계

⑤ 갯벌 양식장의 집단 폐사

· 폐사 발생 역학관계 분석

- 위성사진은 과거 복구 후 역학관계
  분석 가능
- 폐사 원인은 갯벌 온도, 잔존수,
  지형 변화 등

⑥ 갯벌 체험마을

· 2020년 기준 전국 115개소 운영 중

- 과학적 정보 제공 사례가 없음
- 체험마을 교육 프로그램 연계

⑦ 해양레저 활동의 증가

· 갯벌에 관한 정확한 정보 제공 한계

에 속하고 광활한 갯벌이 있는 우리나라에서 어떻게 하면
효과적으로 이러한 정보를 만들어낼 수 있을까?

현재 우리나라의 갯벌 조사는 갯벌 지형을 제외하고 대
부분 정점 조사 방식을 시행하고 있다. 일정한 간격으로 지
점을 정해두고 해당 정점에서 표본을 채취하거나 조사하여
갯벌의 특성을 기록한다. 하지만 이조차 계절이나 연 단위로
조사하기 때문에 시시각각 변화하는 갯벌의 특성을 반영하

기에는 무리가 있다.

이에 대한 대안으로 이 책에서는 위성, 항공기, 드론과 같은 플랫폼에 광학, 열적외선, 마이크로파 센서 등을 탑재해서 실시간으로 갯벌 환경을 감시하고 또 정확하게 처리할 수 있는 연구들을 소개했다. 또한 이렇게 얻은 빅데이터와 인공지능(AI)을 접목하여 실시간 감시와 정밀 매핑(mapping)이라는 빠르고 정확하게 두 마리 토끼를 잡을 수 있는 방법을 연구 중에 있다.

이러한 연구를 바탕으로 기존의 갯벌 연구 방식을 사람이 직접 조사하지 않아 힘들지 않고 사람보다 많은 자료를 편견 없이 분석할 수 있지만 2, 3차원적 공간정보를 4차원적인 시간에 따른 변화까지도 파악할 수 있는 지속 가능한 통합분석 시스템 개발을 이루어낼 수 있을 것으로 기대한다.

구본주, 2016. 갯벌 생물의 집, 서식굴. 한국해양과학기술원.(ISBN 978-89-444-9041-5.)

국립해양조사원, 2022. '갯벌 공간정보 변화모니터링 기술개발 연구'

이윤경, 유주형, 홍상훈, 원중선, 유홍룡, 2006. 수륙경계선 방법과 위상간섭기법을 이용한 강화도 남단 갯벌의 DEM 생성 연구. 한국습지학회지, 8(3), 29-38.

해양수산부, 2019. '2018 전국 갯벌 면적 조사'

Darwin, C., 1881. The Formation of Vegetable Mould Through the Action of Worms, with Observation of their Habits. John Murray, London.

Kim, J.S., 2021. Oceanography and Marine Biology, An Annual Review.

Kim, K. L., Kim, B. J., Lee, Y. K., Ryu, J. H., 2019. Generation of a Large-Scale Surface Sediment Classification Map Using Unmanned Aerial Vehicle (UAV) Data: A Case Study at the Hwang-do Tidal Flat, Korea. REMOTE SENSING, 11(3), 229.

Kristensen, E., Kostka, J.E., 2005. Macrofaunal Burrows and Irrigation in Marine Sediment: Microbiological and Biogeochemical Interactions. In: Kristensen, E., Kostka, J.E., Haese, R.R.(Eds), Interaction between Macro- and Microorganisms in Marine Sediments. American Geophysical Union, Washington, DC.

Lee, S. K., Ryu, J. H., 2017. High-Accuracy Tidal Flat Digital Elevation Model Construction Using TanDEM-X Science Phase Data. IEEE JOURNAL OF SELECTED TOPICS IN APPLIED EARTH OBSERVATIONS AND REMOTE SENSING, 10(6), 2713-2724.

Lee, S. L., Park, I. h., Koo, B. J., Ryu, J. H., Choi, J. K., Woo, H. J., 2013. Macrobenthos habitat potential mapping using GIS-based artificial neural network models. MARINE POLLUTION BULLETIN, 67(1), 177-186.

Ryu, J. H., Na, Y. H., Won, J. S., Doerffer, R., 2004. A critical grain size for Landsat ETM+ investigations into intertidal sediments: a case study of the Gomso tidal flats, Korea. ESTUARINE COASTAL AND SHELF SCIENCE, 60(3), 491-502

지오스토리 https://www.geostory.co.kr : 항공수심측량